PUENTES DEL MUNDO

PUENTES DEL MUNDO

UNA HISTORIA ILUSTRADA

TIM Y ANNE LOCKE

Introducción de Eric DeLony

Título original
Bridges of the world

Escrito por
Tim & Anne Locke

Prólogo e introducción
La construcción de puentes, una historia ilustrada
Eric DeLony

Dirección editorial
Isabel Ortiz

Traducción
Begoña Loza

Corrección
Carmen Blázquez

Maquetación
Miguel Ángel San Andrés

Diseño de cubierta
más!gráfica

Documentación fotográfica:
Vivien Little

Retoque de imágenes:
Sarah Montgomery & Michael Moody

La introducción ha sido facilitada y se ha utilizado con el permiso del
International Council of Monuments and Sites (ICOMOS, Consejo
Internacional de Monumentos y Lugares Artísticos) y The International
Commitee for the Conservation of the Industrial Heritage (TICCIH,
Comité Internacional para la Conservación del Patrimonio Industrial), y
publicado por primera vez en la reunión ICOMOS- TICCIH de Estudios
Temáticos para el Patrimonio de los puentes mundiales.
© ICOMOC e TICCIH
Los mapas han sido creados por el Departamento Cartográfico de AS
Publishing
Las imágenes de mapas en relieve han sido suministradas por Mountain
High Maps®

Publicado en inglés por AA Media Limited.

A04182

© Digital Wisdom Inc.
© AA Media Limited
© SUSAETA EDICIONES, S.A. - Obra colectiva
Tikal Ediciones
C/ Campezo, 13 - 28022 Madrid
Tel.: 91 3009100 - Fax: 91 3009110

ÍNDICE

ÍNDICE

PRÓLOGO

Eric DeLony, antiguo director del Historic American Engineering Record (Registro de obras históricas de ingeniería americana, HAER), Servicio de Parques Nacionales de Estados Unidos.

La mayor parte de las personas perciben los puentes como objetos de ingeniería en ocasiones inspirados y bellos, pero presumiblemente más como una parte utilitaria de nuestra red de transportes. Sin embargo, el primer puente que aquí se detalla, al igual que la mayoría de los puentes reseñados en este libro, es de todo menos corriente. Inaugurado por primera vez en 1566, el Stari Most (Puente Viejo de Mostar) fue reconstruido casi por completo en 2004 tras su destrucción durante los conflictos de la antigua Yugoslavia, en 1993. Desde entonces, esta réplica del puente original se ha convertido en un símbolo de la reconciliación, la cooperación internacional y la coexistencia pacífica entre comunidades de distinta cultura, etnia y religión. La UNESCO, asistida por un comité científico internacional, declaró este restaurado puente y la comunidad que le rodea –también reconstruida– Patrimonio de la Humanidad.

Muchos puentes encarnan el espíritu y el carácter de un lugar, como el de Brooklyn en Nueva York o el Tower Bridge en Londres. Es más, lo mismo puede decirse de los diferentes tipos de puente. Pregunte a cualquiera sobre puentes históricos y el primer tipo que le vendrá a la mente será el de arco de piedra en el caso de Europa y el cubierto de madera en Estados Unidos. Pocas estructuras de ingeniería –mejor dicho, pocas estructuras históricas de cualquier tipo– embelesan tanto como los puentes. Son argumento de incontables libros, poemas, fotografías y cuadros, y a menudo sirven como telón de fondo de películas. Sin embargo, a menudo la nostalgia y el romanticismo enmascaran el importante logro de ingeniería que representan los puentes. Es precisamente esta representación de la cultura y de la tecnología lo que confiere a los puentes su extendido atractivo y su importancia subestimada.

Mi propósito en esta última década ha sido concienciar para que se piense en los puentes, ya sean monumentales o comunes, dentro de sus contextos: el paisaje de campiña, de autopista o camino, pintoresco, urbano o rural. Dentro de estos contextos más amplios, los puentes se convierten en parte del paisaje social y cultural, mantienen la escala y la calidad del paisaje urbano de campiña o de ciudad, raras veces repetido por un puente moderno de vigas de acero o de hormigón.

También podría pensar en términos de familias o grupos de puentes. Los ciudadanos, los ingenieros y los historiadores podrían pensar en términos de puentes urbanos o grupos de puentes que se encuentran en Londres, París, Praga, San Petersburgo, Pittsburgh, Los Ángeles, Cleveland o Chicago. Existen destacados puentes urbanos en todo el mundo.

La sostenibilidad –actualmente uno de los principales temas en el mundo de la ingeniería, la arquitectura y la construcción– es otro argumento que puede ser utilizado para fomentar el aprecio y la conservación de los puentes históricos. Cuando una comunidad elige rehabilitar en lugar de reemplazar un puente, hace uso de la seguridad y la eficiencia al mismo tiempo que salva una estructura para la posteridad y mantiene el paisaje o la vía a la que está asociado. Los puentes históricos pueden representar una ingeniería superlativa y una maravilla estética merecedoras de mayor publicidad. Otros ven los puentes como metáforas simbólicas de una conexión emocional o, quizás más tradicionalmente, como un modo de superar un obstáculo.

Es en los países en vías de desarrollo donde probablemente se construirán los nuevos puentes y donde se descubrirán puentes históricos que aún son desconocidos; es en ellos donde se producirán los hallazgos y se llevará a cabo la construcción de los puentes del siglo XXI. En el mundo desarrollado ya hemos agotado la capacidad que nos legaron las generaciones anteriores, por tanto una de nuestras principales tareas es rehabilitar las envejecidas

estructuras. Con un poco de suerte, la sostenibilidad y los valores culturales de los puentes históricos formarán parte de esta compleja ecuación.

Este libro muestra toda clase y tipo de puentes, empezando por los antiguos y llegando hasta los más modernos, repartidos por los seis continentes y con representación de todos los materiales de construcción: madera, piedra, hierro, acero y hormigón. Además, aparecen cubiertas todas las clases: de viga, de arco, apuntalados, móviles, colgantes y atirantados, siendo este último el tipo de puente por excelencia que se construye a lo largo y ancho del mundo en la actualidad.

Entonces, ¿a quién va dirigido este libro? Gracias a su cobertura global y a las excelentes imágenes, los ingenieros, profesores de ingeniería, historiadores y académicos se interesarán por él; pero también resultará cercano al público en general, dadas las estructuras que se muestran, y se espera que las historias individuales, relativamente desconocidas, que aquí se exponen proporcionen una fascinante introducción para todo aquel que esté interesado en la arquitectura y en el mundo de la construcción. Espero que sea de gran interés para los ciudadanos de a pie y para los aficionados, porque ellos son quienes jugarán un papel significativo a la hora de preservar los excepcionales puentes de todo el mundo, tanto los nuevos como los viejos.

LA CONSTRUCCIÓN DE PUENTES: UNA HISTORIA ILUSTRADA

LA CONSTRUCCIÓN DE PUENTES: UNA HISTORIA ILUSTRADA

Eric DeLony

INTRODUCCIÓN

Franquear ríos, gargantas, desfiladeros, estrechos y valles siempre ha sido un capítulo importante en la historia de los asentamientos humanos. Desde la Antigüedad, los puentes han sido, más que cualquier otra estructura, el testimonio visible del noble arte de la ingeniería. Un puente puede definirse de muchas maneras, pero Andrea Palladio, el gran arquitecto e ingeniero italiano del siglo XVI, fue quien probablemente más se acercó a la esencia de la construcción de un puente cuando dijo: «... los puentes deben adaptarse al espíritu de la comunidad exhibiendo amplitud, firmeza y deleite». Y continuó explicando, con términos más prácticos, que el modo de evitar que el puente fuese arrollado por la violencia del agua era construirlo sin fijar ningún poste en el agua. La meta de los constructores de puentes e ingenieros ha sido siempre seguir los consejos de Palladio y crear un vano tan amplio como sea posible, que sea espacioso, firme y, en ocasiones, lleno de encanto. Una forma típica de medir la destreza ingenieril es la de salvar distancias cada vez mayores, y casi todos los años un nuevo puente apuesta por batir el récord, ya sea en longitud, altura, vano, o en el más grande de sus campos particulares.

En términos de ingeniería siempre se ha hecho referencia a los puentes en cuanto a su diseño o tipo (en viga, en arco, apuntalado, voladizo, colgante o móvil), longitud (generalmente expresado en términos de luz neta o global) y sus materiales (piedra, madera, hierro fundido o forjado, o lo que utilizamos hoy en día, hormigón y acero). Uno de los objetivos de este libro es proporcionar una detallada mirada de las estructuras más significativas de todo el mundo que mejor ilustran la historia de la construcción de puentes.

LUGARES PATRIMONIO DE LA HUMANIDAD Y SU CONSERVACIÓN

Nuestro conocimiento acerca de la ingeniería de puentes estaría incompleto si no se hubiesen conservado esas estructuras que han roto límites a base de puro ingenio, invención y destreza ingenieril. De ahí que el criterio del Comité del Patrimonio de la Humanidad resulte útil cuando se trata de la terminología de la forma en que debemos apreciar las estructuras de puentes de todo el mundo.

El Comité del Patrimonio de la Humanidad establece que para que un monumento o sitio obtenga la categoría de Patrimonio de la Humanidad debe tener un destacado valor universal. Debe ilustrar o interpretar el patrimonio de la humanidad en términos de ingeniería, tecnología, transporte, comunicación, industria, historia o cultura. Los monumentos y lugares industriales Patrimonio de la Humanidad deben ser «fuentes irreemplazables de vida e inspiración».

Para que un lugar patrimonio de la humanidad represente una obra maestra del genio creativo humano tiene que haber ejercido una gran influencia a la hora de desarrollar la teoría de la ingeniería, tecnología, construcción, transporte y comunicación, en un arco de tiempo o en un área cultural del mundo. Debe ser un ejemplo destacado de una tipología que ilustre un período significativo en la ingeniería de puentes o en el desarrollo de la tecnología.

Página anterior: El puente de los Saltos, en Lavertezzo, Suiza, también conocido como el Puente Romano, por su construcción típicamente romana, aunque en realidad data del siglo XVII.

Derecha: Según una leyenda, las grandes losas de granito del Tarr Steps, en el Parque Nacional de Exmoor (Reino Unido), fueron colocadas por el diablo para ganar una apuesta. Se cree que este puente prehistórico es del año 1000 a. C.

LOS TRES TIPOS DE ARCO FUNDAMENTALES

Los primeros puentes fueron naturales, como el enorme arco de roca que se extiende sobre el Ardéche, en Francia, o el Natural Bridge, en Virginia, Estados Unidos. Los primeros puentes realizados por la mano del hombre consistían en troncos tendidos sobre arroyos a modo de vigas, o piedras planas –como los puentes de losas del río Dartmoor, en Devon, Reino Unido (ver páginas 112-115)– o guirnaldas de plantas retorcidas o trenzadas y colgadas en suspensión. Estos ejemplos representan fundamentalmente los tres tipos de puente –en viga, en arco y colgante– que se sabe que fueron construidos desde la Antigüedad y que han sido el punto de partida para los ingenieros y constructores a la hora de desarrollar distintas combinaciones, como los puentes de armadura, en cantilever, atirantados, de arco atirantado y móviles.

CARGA VIVA Y CARGA MUERTA

La diferencia fundamental entre los distintos tipos de puentes es el modo en que soportan su propio peso y el que aplican sobre él las personas, las vías del tren, el viento o la nieve, lo que se conoce como carga viva y carga muerta. Los puentes de viga simple, los de viga compuesta y los de armadura soportan el peso directamente hacia abajo desde sus extremos sobre el suelo, pilares o contrafuertes. Los puentes en arco empujan hacia fuera y hacia abajo, actuando por compresión. Los cables de los puentes colgantes actúan por tensión, empujando hacia dentro contra sus anclajes. Si se juntan dos o más vanos de viga simple o de viga compuesta sobre pilares, se convierten en puentes continuos, la forma preferida de los ingenieros europeos, que tenían los conocimientos matemáticos para analizar previamente los esfuerzos indeterminados.

Una forma más compleja de viga simple es la armadura, un sistema rígido y autosustentado de triángulos que transfieren sus cargas vivas y muertas sobre los pilares o contrafuertes. Y una forma más compleja de viga compuesta es el cantilever, en el que los apuntalamientos y anclajes finales de la viga compuesta soportan el vano central. Son más indicados para gargantas profundas o amplios arroyos de corriente rápida donde resulta imposible construir cimbras, una estructura temporal, generalmente de madera, que se erige como ayuda para la construcción del puente permanente.

Los tres tipos principales de puente –viga, arco y colgante–, a menudo se combinan de muy diversas formas para formar estructuras compuestas; el tipo de puente se selecciona en función

Arriba: El Natural Bridge (Puente Natural) es un arco de piedra caliza sobre el Cedar, un arroyo del valle Shenandoah, Virginia. Por encima de lo que en su día fuera el techo de una gran caverna, cruza la Autopista 11 de Estados Unidos.

Izquierda: El Pont d'Arc, en la región Ródano-Alpes del sur de Francia, es un arco natural de piedra caliza que se ha ido formando durante cientos de años por la acción del río Ardèche que corre debajo.

Arriba: El puente de losas de Scorhill, en el Parque Nacional de Exmoor (Reino Unido), puede que sea uno de los más pequeños. Todavía en uso, su construcción sobre un único pilar y con doble losa proporciona un paso muy útil sobre el río North Teign.

de la naturaleza del cruce, el vano requerido, los materiales y la mano de obra, y el tipo de carga anticipada: peatonal, vehicular, ferrovial o bien un canal de agua como en los acueductos.

PUENTES PRIMITIVOS

Aparte de los puentes de losas de piedra que se encuentran en Reino Unido y de los viaductos similares que perduran en otros países, los puentes que datan de épocas prehistóricas son escasos. Los puentes de parras y enredaderas retorcidas encontrados en India, África y América del Sur, los antiguos voladizos de China, Cachemira y Japón (si alguno permanece) y los arcos de madera de Japón, muestran un primitivo ingenio y una tecnología artesanal, aunque sus materiales no sean los originales.

En el año 51 a. C., durante la guerra de las Galias, César atestiguaba la construcción de estrechos puentes de madera de unos doscientos metros de luz realizados por los constructores galos sobre anchos ríos como el Loira, el Sena y el Allier, que eran utilizados por peatones y ganado. Las bóvedas de piedra probablemente surgieran por primera vez en construcciones civiles de Anatolia y la región egea de Asia Menor (parte central y occidental de Turquía) en el segundo milenio antes de Cristo. Las culturas mesopotámicas introdujeron el primer gran desarrollo de los abovedamientos de ladrillo en los palacios reales, y probablemente también el primer puente importante de arcos en el siglo VI a. C.

PUENTES ROMANOS

Los constructores de puentes más grandes de la Antigüedad fueron los romanos. Aplicaron un repertorio de ingeniería civil a una escala sin precedentes y consiguieron impresionantes resultados. La ingeniería romana introdujo cuatro avances significativos en el arte de construir puentes con una prominencia sin precedentes: el descubrimiento y difusión del uso del cemento natural, el desarrollo del cajón, y el perfeccionamiento y la amplia aplicación del arco de medio punto de mampostería.

En cuanto a este importante punto, los ingenieros romanos supieron aprovechar con creces los esfuerzos de sus predecesores. El abastecimiento público de agua fue el aspecto más significativo de la ingeniería civil romana: nada parecido se había logrado con anterioridad ni

Arriba: El puente Zhaozhou ha sobrevivido a numerosos terremotos y al menos a ocho guerras a lo largo de sus mil quinientos años de historia. Situado en la provincia de Hebei, China, también se le conoce como el puente Seguro de Cruzar.

Derecha: El Acueducto de Segovia, en España, es un ejemplo bien conservado de infraestructura romana y de los principios de construcción asentados por Vitruvio en su tratado *De Architectura*, publicado en el siglo I a. C.

fue emulado con posterioridad, hasta el siglo XIX. El desarrollo de las estructuras logrado por los ingenieros romanos quedó patente en los acueductos y en la construcción de presas y puentes en las calzadas, que se apoyaron en el desarrollo del hormigón y en una creciente toma de conciencia de su fuerza.

Los romanos mezclaron un tipo de cemento llamado puzolana, encontrado cerca de la ciudad italiana de Pozzuoli (antiguamente, Puteoli), con cal, arena y agua hasta formar un mortero que no se desintegraba al entrar en contacto con el agua. Y lo utilizaron como ligazón para los pilares de los puentes y las enjutas de los arcos, y en forma de masa en los cimientos. Construían los cajones (cercos temporales montados en el lecho de los ríos para mantener fuera el agua mientras se construyen los cimientos) hincando en el lecho del río montones de maderos, sacando el agua del área cercada y excavando después el suelo blando de dentro. A pesar de utilizar cajones, los cimientos de los puentes romanos por lo general no eran lo bastante profundos como para proporcionar suficiente protección contra el incesante arrastre. La mayor parte de los puentes romanos que han sobrevivido son aquéllos que fueron construidos en roca sólida, como el acueducto Pont du Gard (c. 14 d. C., ver páginas 68-71), cerca de Nimes (Francia), el puente de Alcántara (98 d. C., ver páginas 98-99), que se halla en España, cerca de la frontera con Portugal, y el acueducto de Segovia (98 d. C., ver página 71), que son tres de los puentes y acueductos romanos más famosos del mundo.

PUENTES DE ASIA

Aunque perduran pocas estructuras, la construcción de puentes en Asia se remonta más atrás en el tiempo que en Europa; los conceptos estructurales de puente colgante, de puente de cantilever y de puente en arco fueron desarrollados por primera vez allí con gran sofisticación.

PUENTES CHINOS

Tras el declive del Imperio Romano, con sus muchos logros en ingeniería, la construcción de puentes de viga, en arco, colgantes y de cantilever floreció en China mientras en Europa languidecía durante cerca de ocho siglos. Los constructores de puentes chinos experimentaron con las formas y los materiales, y perfeccionaron las técnicas.

De hecho, muchas formas de puentes se originaron allí. Marco Polo hablaba de doce mil puentes construidos en madera, piedra y hierro cerca de la antigua ciudad de Kin-sai. El primer puente colgante de cadenas, el Panhogiao o puente Panho (c. el 206 a. C.), fue construido por el general Panceng durante la dinastía Han. En el año 1665, un misionero de nombre Kircher descubrió otro puente colgante de cadenas de 61 m realizado con cadenas de hierro, un tipo de construcción habitual durante la dinastía Ming que no fue adaptado en América y Europa hasta el siglo XIX. El puente superviviente más antiguo de China y el arco de piedra de tímpano abierto más antiguo del mundo es el puente Zhaozhou (c. 605 d. C.), atribuido a Li Chun y construido al sudoeste de Pekín, en la provincia de Hebei, durante la dinastía Song. Sus finas y curvas losas fueron unidas con ensambles de cola de milano en hierro de tal forma que el arco podía ceder sin llegar a derrumbarse. Esta técnica permitía que el puente se adaptase a la subida y caída de los contrafuertes, debidas al suelo esponjoso y moldeable y a la carga viva del tráfico.

PUENTES JAPONESES

Pintorescos puentes, como el Kintai, en Iwakuni (1673), con sus cinco arcos de madera, metida a presión, encajada y ensamblada, se encuentran principalmente en Japón. La superestructura del puente Kintai (ver páginas 190-193) ha sido reconstruida constantemente y por ello, durante siglos, se ha mantenido la tradición de la gran destreza de los cuidadores del puente. El puente de Shinkyo (1638), el puente del *shogun* que cruza el río Daiya-gawa en la ciudad sagrada de Nikko, es el puente en cantilever más antiguo que se conoce. Sufrió grandes daños a causa del tifón de 1902, fue reconstruido y hoy en día sigue soportando el tráfico a pie. Consiste en pilares de piedra labrada perforados con agujeros rectangulares que permiten insertar puntales de piedra que encajan a la perfección, dos vanos de anclaje, vigas de madera sobresaliendo en forma de voladizo y un vano colgante.

En Irán permanecen otros puentes de primer orden, como el de Khaju, en Isfahán (1667, ver página 184), con sus 18 arcos apuntados que soportan una carretera de 26 m de anchura

Arriba: Antiguo arco que aún permanece en la entrada del anfiteatro de la ciudad romana de Rusellae, en Etruria, Toscana (Italia). El asentamiento fue abandonado en la Edad Media.

Arriba: El Pont du Gard, en Francia, es probablemente el acueducto más famoso del mundo. Cabe destacar que su estructura de tres pisos superpuestos fue construida por completo sin usar mortero, con cada piedra cortada para encajar con precisión.

Derecha: Los restos de mampostería de un acueducto romano cerca de Cartago; son solo una pequeña parte de uno de los acueductos más largos jamás construidos. Algunas secciones todavía estaban en uso en el siglo XVII.

Arriba: El puente Khaju, en Irán, une los barrios de Khaju y el de Zoroastro de la ciudad de Isfahán. Una serie de compuertas bajo los arcos regulan la corriente del río Zayandeah para el riego.

Arriba: El puente Valentré, en Francia, constituye un importante ejemplo de arquitectura medieval fortificada. Construido entre 1308 y 1378, fue ampliamente restaurado en 1879.

Arriba: El puente romano de Cangas de Onís, en España, cruza el río Sella con su arco peraltado. Sin embargo no es romano, en realidad data de la época medieval.

Izquierda: El puente Kintai, sobre el río Nishiki. Aunque fue construido por primera vez en 1673, la estructura ha sido renovada y actualizada constantemente tras los daños que la guerra y el fuego le han ocasionado a lo largo de su historia.

con pasillos cubiertos, en sombra, y flanqueado por pabellones y torres de vigilancia. Este magnífico puente, que combina arquitectura e ingeniería en una espléndida armonía funcional, también sirve de dique, e incluye una posada en la que los viajeros encuentran frescas habitaciones donde descansar y refrescarse después de cruzar el caluroso desierto.

PUENTES MEDIEVALES

En Europa, el resurgir de la construcción de puentes tras la caída del Imperio Romano estuvo marcado por la difusión del arco apuntado desde su lugar de origen, en Oriente Medio, hacia occidente. El arco apuntado fue una forma arquitectónica típicamente gótica de relevancia estructural en el desarrollo de palacios, castillos y, en especial, catedrales, en la zona oeste de Europa, pero no tuvo demasiado importante para los puentes. Los puentes medievales continuaron la tradición multifuncional, como la del puente de Isfahán, en Irán. Capillas, tiendas, casetas de peaje y torres adornaban los puentes fortificados, como el francés de Valentré, en Cahors (1355, ver páginas 76-79) o el Monnow, en Manmouth, Gales (1272-1296, ver página 78), que fueron construidos con muros defensivos, saeteras y puentes levadizos.

Las órdenes religiosas cristianas formadas tras la caída del Imperio Romano asistían a los viajeros principalmente construyendo puentes. En Europa central y occidental, distintos grupos religiosos administraban instituciones, con financiación popular y autorización papal, para construir tanto puentes como hospitales. La influencia de estos grupos duró desde finales del siglo XII hasta comienzos del siglo XIV, y su perseverancia aseguró la construcción de los principales puentes sobre anchos ríos, como el Ródano o el Danubio. Por ejemplo, el puente sobre el Ródano en Avignon, Francia (1187, ver páginas 72-75), un piso de madera sobre pilares de piedra, fue construido por una de estas órdenes por la inspiración divina de un joven pastor, más tarde canonizado por su gran hazaña como san Benito. Los cuatro arcos que permanecen, que datan de la reconstrucción del puente hacia 1350, constituyen uno de los monumentos medievales más destacados a la vista de sus arcos elípticos de 31 a 34 m.

Al concluir la Edad Media, se habían construido arcos de piedra con una luz extraordinaria en valles de montaña donde los contrafuertes de roca proporcionaban sólidos cimientos a vanos de más de cincuenta metros, como el Vieille-Brioude y el Gran Puente de Doux, en Francia.

PUENTES RENACENTISTAS Y NEOCLÁSICOS

A la gran época medieval de la construcción de puentes le siguió un período conocido como *Quattrocento*, la transición entre el período medieval y el Renacimiento italiano, en el que la confianza y la iniciativa desatada de los ingenieros se puso de manifiesto en puentes como el italiano Ponte Vecchio, un temprano puente florentino diseñado por Taddeo Gaddi (1345, ver páginas 86-89) con tres arcos rebajados. Después vino la eficiencia técnica y el desarrollo artístico de los ideales renacentistas de orden cívico durante el período Neoclásico del siglo XVII y XVIII, representado mediante grandes vanos y múltiples arcos de piedra, como, por ejemplo, el puente de Santa Trinità de Florencia (1569), el Rialto de Venecia (1591, ver páginas 84-85) y el Pont Neuf de París (1607, ver páginas 58-59). Hoy en día estos puentes se encuentran entre los más famosos del mundo. Los ingenieros renacentistas aprendieron mucho sobre cimientos de la época de los romanos, aunque éstos en raras ocasiones fueron capaces de excavar a suficiente profundidad como para alcanzar los estratos duros del suelo. En cambio, contaban con técnicas perfeccionadas en cuanto a basamentos, anchos emparrillados de madera que descansaban en pilotes hincados en el lecho del río sobre los que se colocaban los pilares de piedra. En los cimientos del puente Rialto, el diseñador Antonio da Ponte hincó seis mil pilotes de madera, taponados con tres enrejados escalonados de tal forma que los estribos de piedra pudieran quedar en perpendicular a la línea de empuje de los arcos. A pesar de haber sido construido sobre terreno blando de aluvión, cuatro siglos después el puente sigue soportando una calle con tiendas de joyas para disfrute de los turistas.

LA LLEGADA DEL NEOCLASICISMO

El final del Renacimiento italiano fue testigo de una mirada renovada a la construcción de puentes. Más que como algo meramente utilitario, los puentes eran diseñados como elegantes y magníficos pasadizos que formaban parte de la perspectiva visual del paisaje idealizado de la ciudad, como principal énfasis en las ciudades comerciales y capitales totalmente rediseñadas.

LA CONSTRUCCIÓN DE PUENTES

Ningún país trató de fomentar tanto este concepto como Francia a finales del siglo XVI, donde se constituyó un departamento nacional de arquitectos e ingenieros, responsable de diseñar puentes y carreteras. Este cuerpo de especialistas dio al período neoclásico un abanico de monumentales y elegantes puentes sobre ríos como el Loira (Blois, Orleans y Saumur) y el Sena, en París. Este modelo se difundió por toda Europa, dando origen a grandes puentes urbanos monumentales en capitales como Londres y Praga.

En Italia, Bartolomeo Ammannati desarrolló una nueva forma para el puente Santa Trinità –un curioso arco de doble curva cuya desviación de la elipsis estaba deliberadamente oculta por una estructura decorativa en la clave–. La proporción de 1 a 7 entre la flecha y la cuerda del arco dio como resultado un elegante arco muy amplio y algo plano que fue adaptado ampliamente en otros puentes renacentistas. El puente fue reconstruido utilizando las piedras originales recuperadas del río tras la demolición que sufrió durante la Segunda Guerra Mundial.

EL ESTILO FRANCÉS

Hacia mediados del siglo XVIII la construcción de puentes de mampostería alcanzó su máximo apogeo. El ingeniero francés Jean-Rodolphe Perronet diseñó y construyó el puente de Neuilly (1774), el Point-Saint-Maxence (1785) y el puente de la Concordia (1791), este último acabado cuando el ingeniero contaba 83 años. El diseño de Perronet tenía por objetivo aligerar los pilares y estirar al máximo los arcos. El puente de la Concordia aún representa la perfección en la construcción del arco de mampostería, incluso a pesar de que burócratas escépticos forzaran a Perronet a acortar el vano central sin precedentes del puente hasta los 28 m. Completaban este asombroso puente largos y elegantes arcos elípticos, pilares que reducían a la mitad su antigua anchura, maquinaria de construcción especializada, y la introducción de un motivo arquitectónico que se utilizó hasta la década de 1930: el parapeto abierto con balaustradas retorcidas. Ensanchado en los años cincuenta del pasado siglo, su apariencia original se ha mantenido cuidadosamente. Otra obra maestra del estilo clásico francés es el puente de Burdeos, de 19 arcos y más de quinientos metros de longitud, terminado en 1822.

LOS COMIENZOS DE LA PERICIA BRITÁNICA

En Reino Unido, un joven ingeniero suizo, Charles Labelye, estaba construyendo el equivalente inglés de los puentes de Perronet. En su primer puente, el de Westminster sobre el río Támesis (1750), desarrolló el cajón abierto, lo que hizo posible que los cimientos de los pilares fueran construidos en aguas profundas y de corriente rápida. Para solventar un problema que había confundido a los constructores de puentes desde el tiempo de los romanos, Labelye utilizó enormes cajas de madera construidas en la orilla, remolcadas hasta su posición, y después lentamente hundidas hasta la parte baja del río mediante el peso de pilares de mampostería que se dejaban encima. Una serie de 15 arcos de medio punto, cuya longitud decrecía de forma progresiva desde el centro, y que se elevaban en un grácil alabeo, fijaban una gran pericia ingenieril y arquitectónica que se mantuvo sin ser desafiada durante más de un siglo.

Otro gran diseñador de puentes británico de este mismo período, John Rennie, construyó el primer puente Waterloo en 1811. Su carretera y sus arcos aguantaron hasta 1938. Su siguiente gran puente fue el Southwark (1819), también sobre el Támesis, en Londres, que no fue construido en piedra sino en el nuevo y milagroso material del siglo XIX, el hierro fundido. Constaba de tres arcos de los cuales el central tenía una luz de 73 m, lo que demostraba de forma espectacular el gran potencial del nuevo material.

PUENTES DE MADERA

Los puentes de madera pueden considerarse como una de las más antiguas estructuras del mundo. El primer puente romano, el Pons Sublicius (c 621 a. C.), era una estructura de pilares de madera sobre el río Tíber, en Roma, que ampliaba el acceso peatonal hacia la colina Aventina. La primera descripción detallada de un puente de madera, una estructura de pilas de madera sobre el río Rin construida en el año 55 a. C., fue puesta por escrito por Julio César en su *Guerra de las Galias*. El modelo mejor conservado de este tipo de puente se encuentra hoy en día sobre el río Brenta, en Bassano del Grappa, en Italia, cerca de Venecia. Fue construido por Palladio en 1561, y destruido en 1945, y reconstruido de forma idéntica al original en 1948.

Arriba: El más antiguo de los tres puentes que cruzan el Gran Canal de Venecia, el Rialto, es la última y más reciente de una serie de estructuras que fueron colocadas en este lugar desde el siglo XII en adelante.

Arriba: Durante muchos años la estructura del puente más ancho de París, el Pont Neuf, no se ha visto alterada y los pilotes de madera originales que soportan los cimientos todavía se encuentran bajo la superficie del Sena.

Derecha: La estructura renacentista del puente florentino de Santa Trinità fue construida por obra del arquitecto Bartolomeo Ammannati, entre 1567 y 1569. Se encuentra río abajo justo depués de su vecino más famoso, el Ponte Vecchio.

Arriba: El Puente Matemático, en la Universidad de Cambridge (Reino Unido) debe mucho a los conocimientos introducidos por el maestro carpintero William Etheridge, que había trabajado en el primer puente de Westminster sobre el Támesis.

Arriba: El Kapellbrücke de Lucerna, Suiza, cruza el río Reuss desde 1333. Este puente es un lugar turístico muy famoso, en parte debido a las pinturas de los gabletes que recorren toda la estructura.

Izquierda: El puente cubierto de Andrea Palladio en Bassano del Grappa, Italia, ha sido reconstruido dos veces, después de que fuera destruido por las inundaciones de 1748 y 1966. En ambas ocasiones se respetó el diseño y trazado de Palladio.

Hacia mediados del siglo XVIII, los carpinteros que trabajaban en las regiones boscosas del mundo desarrollaron aún más el puente de armadura de madera. Los ejemplos más famosos fueron los de dos hermanos suizos, Johannes y Ulrich Grubenmann, que construyeron puentes en Schaffhausen, Reichenau y Wettingen combinando riostras con armaduras para conseguir vanos significativamente largos para su época. El puente Schaffhausen (1757) sobre el Rin, en el norte de Suiza, tenía dos ojos, de 52 y 59 m respectivamente, que descansaban ligeramente sobre un pilar intermedio cuando recibían la carga. Este puente fue quemado por los franceses durante las guerras napoleónicas, en 1799. Uno de los pocos puentes de los Grubenmann que permanecen es el Rumlangbrücke (1766), con un vano de 27 m.

INSPIRACIONES DEL NUEVO MUNDO

Los ingenieros europeos que visitaron el Nuevo Mundo durante el siglo XIX quedaron maravillados con los vanos logrados por los puentes de madera americanos. Especialmente notable era el arco de armadura de 104 m de Louis Wernwag, de 1812, el «Coloso» sobre el Schuylkill, en Filadelfia, el puente de vano más largo del mundo en esa época. Los puentes cubiertos (ver páginas 214-217), enfundados en madera para evitar el deterioro de los maderos estructurales, son un icono del paisaje de Norteamérica. Destacados puentes que aún perduran son el Cornish-Windsor (1866) sobre el río Connecticut, y el Bridgeport (1862), cuyo nítido ojo de 63 m hace de esta puerta a los campos dorados de California el segundo vano único más largo. Se calcula que todavía existen unos setecientos cincuenta puentes cubiertos en Estados Unidos, más que en ningún otro país.

LA ALTERNATIVA MENOS CARA

A pesar de la capacidad de las sociedades avanzadas, como la del Imperio Romano, para construir puentes de piedra, el material duradero por antonomasia, su coste siempre ha supuesto un problema. Los puentes de madera han sido una alternativa económica importante para muchas culturas de todos los períodos históricos, desde la prehistoria a los primeros asentamientos en América, desde el clasicismo romano a la Ilustración europea, incluso en China, Japón y el sudeste asiático. Los puentes de madera han jugado un papel primordial en la historia de la evolución humana. Sus variantes arquitectónicas y sus tipos estructurales –de viga compuesta, de arcos, colgantes, de armadura, en pontón y cubiertos– han sido numerosos. En virtud de la naturaleza de sus materiales, son escasos los ejemplos existentes, al igual que lo es el registro histórico. La naturaleza, casos de fuerza mayor, la guerra y los incendios provocados han diezmado los puentes de madera a lo largo de la historia. En algunos casos los puentes fueron reemplazados y se ha asegurado el parecido con el original. Sin embargo, hacen falta más esfuerzos para identificar, acceder y proteger las estructuras de madera de todo tipo.

EL RENACIMIENTO Y EL NEOCLASICISMO: AVANCES TEORÉTICOS

Gracias a Galileo, los matemáticos y científicos del Renacimiento fueron capaces de entender la acción de las vigas y la teoría de las estructuras de armadura. La armadura, utilizada por los romanos para dar consistencia al puente sobre el Rin (55 a. C.) y en las techumbres, fue refinada por el arquitecto-ingeniero italiano Andrea Palladio. Su tratado clásico de arquitectura griega y romana, *I Quattro Libri dell'Architettura*, fue publicado en 1570, y se difundió ampliamente tras ser traducido al inglés por Isaac Ware en el año 1755. En él aparecen los primeros dibujos de una armadura, la forma más simple y fácil imaginada de transferir tanto la carga muerta como la carga viva a los pilares y los contrafuertes, hecha con un sistema independiente de triángulos. Palladio construyó varios puentes de armadura, y el más importante es el de Bassano (1561), sobre el río Brenta, en la región véneta del norte de Italia. Destruido en dos ocasiones, fue reconstruido siguiendo cuidadosamente el trazado original y hoy en día es el único ejemplo de los puentes de Palladio que existe. La forma de armadura, tomada de los romanos, representa uno de las más significativas contribuciones renacentistas a la construcción de puentes.

TRATADOS, ESTUDIOS Y POLÍTICAS

Junto a la forma de armadura, los ingenieros renacentistas también concibieron audaces novedades en las formas de los arcos: rebajados, elípticos y con varios centros. El húngaro

LA CONSTRUCCIÓN DE PUENTES

Janos Veranscics, revisó éstos y otros logros en las artes estructurales a finales del Renacimiento en su *Machinae Novae,* publicado en 1617. Varios conceptos, que más tarde se convertirían en estándar en la práctica de la construcción de puentes, fueron ilustrados por primera vez en este volumen: el arco atirantado, el Pauli o armadura lenticular (de madera), la armadura totalmente de metal (latón fundido), el puente colgante de cadenas de metal portátil, el uso del metal para reforzar los puentes de madera y la barra agujereada como elemento de tensión (también de latón).

En 1716, Henri Gautier publicó su *Traité des Ponts,* el primer tratado dedicado por entero a la construcción de puentes; esto sucedió en pleno Siglo de la Razón, cuando el diseño empírico de puentes dio paso al análisis racionalista y científico. Este libro se convirtió en una obra de referencia durante todo el siglo XVIII. Trata tanto de los puentes de madera como de los de mampostería, de sus cimientos, pilares y empujes.

A finales del siglo XVI Enrique IV y Sully iniciaron una política previsora que condujo a la creación del primer departamento de transportes de Francia. Durante la segunda mitad del siglo XVII, a lo largo del reinado de Luis XIV, fue reorganizado por Colbert como el Corps des Ingénieurs des Ponts et Chaussées, una formación de arquitectos e ingenieros estatales. En 1747 se inauguró la École des Ponts et Chaussées, la institución académica más antigua del mundo para formar ingenieros civiles en el diseño de carreteras y puentes, con Perronet como primer director. Los estudios teóricos iniciales relativos a la estabilidad de los arcos, la transmisión de las fuerzas y las formas con varios radios se realizaron en esta escuela.

Arriba: El Iron Bridge sobre el río Severn (Reino Unido), el primero de este tipo, fue erigido en el verano de 1779. El permiso para edificar el puente se obtuvo por decreto ley y Abraham Darby III fue el encargado de fundir y construir el puente.

PUENTES DE HIERRO

Si bien resulta sumamente versátil, la madera tiene un claro inconveniente, se quema. El Coloso de Wernwag, destruido por el fuego en 1838, no es más que un ejemplo de los muchos puentes de madera excepcionales perdidos de esta manera a lo largo de la historia. Sin embargo, había otro material cuyo uso a finales del siglo XVIII ofreció a los ingenieros de puentes una alternativa frente a los materiales tradicionales: madera, piedra y ladrillo. El hierro fue el material milagroso de la Revolución Industrial, si bien ya había sido utilizado en la Antigüedad: los griegos y los romanos lo habían usado para reforzar los tímpanos y las columnas de sus templos, y los chinos también habían forjado con él eslabones para sus puentes colgantes.

El éxito de fundir el hierro con coque, en lugar de carbón, logrado por el metalúrgico Abraham Darby en 1709, liberó la producción de hierro de las restricciones por la escasez de combustible, e hizo posible largos procesos de fundición y facilitó la creación de los nervios de los arcos para el primer puente de hierro del mundo (el Iron Bridge), construido 70 años más tarde (ver páginas 120-123). En 1754, Henry Cort, de Southampton, construyó el primer taller de laminado, haciendo posible el eficaz moldeo de listones de hierro; en 1784, patentó un horno de pudelado por medio del cual el carbono contenido en el hierro fundido podía reducirse hasta conseguir un hierro maleable. Estos dos hitos de la metalurgia dan cuenta del potencial del hierro como material de construcción principal. Los puentes fueron una de las primeras estructuras en las que se empleó el hierro, precedidos solo de las columnas (las vigas aún no) para soportar el suelo de las fábricas de textiles.

El primer puente de hierro en su totalidad llevado a cabo con éxito fue el diseñado por Thomas Farnolls Pritchard, un arquitecto que propuso utilizar este material ya en 1773. El puente sobre el río Severn, en Coalbrookdale (Reino Unido), con su vano de 30 m sobre cinco nervios de medio punto de hierro fundido, fue construido por dos maestros del hierro, Abraham Darby y John Wilkinson, para demostrar la versatilidad de este material. Al Iron Bridge le siguieron una sucesión de puentes de arcos de hierro fundido construidos a lo largo y ancho de Europa. Pocos puentes de este tipo fueron construidos en Estados Unidos, ya que se prefería el tipo de armadura de hierro, derivada de los puentes de armadura de madera. No obstante, el puente de arcos de hierro más antiguo de Estados Unidos es digno de mención: el puente Dunlaps Creek (1839), diseñado por el capitán Richard Delafield del Cuerpo de Ingenieros del Ejército para la carretera nacional en Brownsville, Pensilvania, ha llegado hasta nuestros días, y todavía soporta el tráfico. Dado que este material podía moldearse en formas muy elaboradas, se utilizaron arcos de hierro extravagantemente decorativos para los puentes peatonales de palacios imperiales y estatales, como la en Villa de los Zares de Catalina la Grande, en San Petersburgo (Rusia), y en espacios urbanos de ocio, como Central Park, en la ciudad de Nueva

Arriba: Construido en 1862, el Bow Bridge es una estructura de hierro fundido que se encuentra en Central Park, Nueva York. Diseñado por Calvert Vaux y Jacob Wrey Mould, este puente de 18,3 m cruza el lago del parque por su punto más estrecho.

Derecha: El actual Rochester Bridge (Kent, Reino Unido) fue construido en 1914, después de que una inspección de la estructura de hierro fundido, en 1856, revelara fracturas en los nervios, como resultado de varias colisiones de barcos.

York (Estados Unidos). Ambos lugares cuentan con importantes colecciones de puentes de arcos de hierro fundido.

AVANCES EN TECNOLOGÍA E INGENIERÍA

En el siglo XIX, los ingenieros mejoraron la tecnología de hundir los cimientos hasta la roca firme. Hasta ese momento, los cajones y los ataguías eran los únicos medios para construir cimientos en el agua. Su uso estaba limitado por la longitud de los pilotes de madera y por los suelos, que eran poco apropiados para hincar pilotes dado que resultaban o muy blandos o muy duros. El honor de haber desarrollado el primer cajón neumático pertenece a William Cubitt y John Wright, quienes utilizaron esta técnica en el puente sobre el río Medway, en Rochester, en el año 1851. Se trataba de un cajón similar al desarrollado por Labelye, pero se diferenciaba en cuanto a que la cámara que descansaba sobre el fondo del río era hermética y obligaba a que los trabajadores entrasen a través de esclusas de aire después de que el agua hubiese sido extraída mediante presión neumática. Trabajando en este entorno, los hombres sufrían la entonces poco conocida «enfermedad del cajón», que ahora, mejor conocida, se denomina «aeroembolismo».

En el consecuente diagnóstico de estas condiciones permitió la construcción de puentes de una escala sin precedentes, superando los impedimentos de los ríos anchos y profundos. Isambard Kingdom Brunel utilizó esta técnica para hundir los pilares de su puente en Chepstow, Gales, y, a una escala aún mayor, en el puente Royal Albert (1859) sobre el río Tamar, en Saltash, Cornualles (Reino Unido, ver páginas 132-133). En éste, la pila central fue construida sobre un cajón de hierro forjado de 11 m de diámetro, hincado hasta la roca sólida en 21 m de agua y 5 m de lodo.

Otra mejora en los cimientos conseguida a principios del siglo XIX fue la del cemento hidráulico. Un conocimiento científico más amplio del material logrado por el francés Louis Vicat y el británico Joseph Aspdin y el descubrimiento de este material en estado natural –en 1796 en la isla Sheppey, en el estuario del Támesis; a cargo de Lafarge en Le Teil (Francia); y de Canvass White en el canal Erie, en Nueva York, en 1818–, condujo a su uso en el hundimiento de los cimientos mediante el nuevo método de vertido directo en los cajones sumergidos, como se hizo en el puente colgante de Tournon (Francia), en 1824. El cemento hidráulico tenía la sorprendente capacidad de fraguar bajo el agua, y en consecuencia fue utilizado en acueductos, pilares y contrafuertes, alcantarillas y esclusas.

Arriba: El puente Royal Albert, en Saltash, fue inaugurado en 1859, el año en que su ingeniero, Isambard Kingdom Brunel, murió. Todavía corre por él la línea ferroviaria Cornish Main Line.

DESPUÉS DEL IRON BRIDGE

Tras la construcción del Iron Bridge en Coalbrookdale, Thomas Telford, un ingeniero escocés talentoso y autodidacta, construyó una serie de arcos de hierro fundido a lo largo y ancho de Reino Unido. Entre ellos, acueductos de canales, que fueron extraordinariamente innovadores al otorgar al hierro fundido un valor estructural real. En los acueductos London-on-Tern (1796) y Pontcysyllte (1805) las secciones de hierro fundido que formaban las paredes laterales del tronco tenían forma de cuña, se comportaban como las dovelas (piedras en forma de cuña) de un puente de arco de piedra, e iban atornilladas con bridas. Sin embargo, la idea más ambiciosa de Telford fue su proyecto de 1800: un único arco de hierro fundido de 183 m de luz sobre el río Támesis para reemplazar al Old London Bridge. En Francia, , Montpetit había desvelado en 1779 un proyecto similar anterior –que se cree debió de servir de inspiración a Telford– para un puente de 122 m sobre el Sena. Incluso el joven Estados Unidos entró en acción cuando el filósofo y político Thomas Paine propuso un arco de hierro de 122 m sobre el río Schuylkill, en Filadelfia. Pero el siguiente logro más destacado después del puente de Coalbrookdale fue el arco de hierro fundido sobre el río Wear, en Sunderland (Reino Unido), básicamente porque éste sí que fue construido. Acabado en 1796 por Thomas Wilson, el puente tenía un vano sin precedentes de 75 m.

Hoy en día, varias colecciones de arcos de hierro fundido perduran en unos cuantos países: la más amplia se encuentra en Reino Unido, seis se hallan en Estados Unidos, unos pocos repartidos por Francia y España, y una notable selección, que data del reinado de Catalina la Grande, en Rusia.

Arriba: El puente Wearmouth de Thomas Wilson, el segundo puente de hierro británico tras el famoso Iron Bridge, se abrió en 1796. Robert Stephenson lo reconstruyó en 1857 y, en 1879, se construyó cerca un puente ferroviario.

MATERIALES COMPUESTOS, DIFERENTES MODOS DE TRABAJAR

En 1800, la mayoría de los ingenieros europeos se abrieron a utilizar hierro fundido. Sin embargo, los arquitectos seguían prefiriendo los materiales tradicionales, como el granito y el mármol para revestir las partes visibles de un edificio y la madera para las estructuras ocultas, como las armaduras de los tejados; no aceptaban el valor estético y estructural del hierro fundido.

Puesto que aún estaba bendecido con abundantes bosques vírgenes, en Estados Unidos, los comienzos del siglo XIX fueron los tiempos de los «ingenieros carpinteros». Hombres como Timothy Palmer, Lewis Wernwag, Theodore Burr e Ithiel Town prosiguieron con la costumbre británica de concebir y construir formas de armadura basándose en la intuición y la pragmática regla del pulgar. Su tradición artesanal de conocimiento, transmitida de maestros a aprendices, contrastaba con el análisis científico y las fórmulas matemáticas puestas en práctica por los ingenieros estatales franceses. Se construían maquetas que eran probadas hasta que fallaban, entonces las piezas rotas eran reemplazadas por otras más fuertes hasta que las maquetas soportaban las cargas equivalentes a una carga viva real más un siempre importante factor de seguridad.

En Estados Unidos se concedieron patentes para construir puentes compuestos de madera y hierro, estructuras de transición que obtenían provecho de la disponibilidad de madera barata. Una vez que la industria norteamericana del hierro alcanzó el nivel de la europea, a mediados del siglo XIX, la construcción de puentes tomó la dirección de armaduras compuestas unidas con pernos, contando con sofisticadas fundiciones para unir bloques de ensamblaje y elementos de compresión, y forjar barras y barras agujereadas de hierro para los elementos en tensión, todos ellos fabricados con un alto nivel de tolerancia. Esta característica permitía que fueran ensamblados con facilidad y a un coste reducido en el campo por parte de trabajadores no cualificados utilizando herramientas y técnicas de construcción simples. Este sistema se impuso en Estados Unidos porque el país carecía de mano de obra especializada, y la lejanía de muchos de los lugares donde se ubicaban los puentes dificultaba el uso de maquinaria sofisticada o bien el transporte en barco a larga distancia de las piezas más grandes de un puente. Durante el último cuarto del siglo XIX tuvo lugar entre Reino Unido y sus antiguas colonias un acalorado debate sobre qué sistema era el mejor: el «plan americano», que construía los puentes con mayor facilidad a base de armaduras unidas con pernos, o el estilo europeo de armaduras remachadas. Aunque la armadura rígida remachada fuese superior en cuanto a diseño, los puentes norteamericanos siguieron siendo competitivos en los mercados mundiales hasta comienzos del siglo XX, ya que eran más baratos y podían levantarse rápidamente.

Arriba: Thomas Telford creía que su puente Mythe de Gloucestershire, un arco de hierro, era «el más gallardo puente de los que se han construido bajo mi dirección». Fue inaugurado en 1826 y reforzado en 1992.

Arriba: El puente de armadura Bollman es uno de los puentes ferroviarios de hierro más antiguos, aún en pie, de Estados Unidos. Fue construido en 1869 para salvar el río Little Patuxent, y está incluido en el National Register of Historic Places (Registro Nacional de Lugares Históricos).

LOS PUENTES FERROVIARIOS DE HIERRO

Durante años, la deferencia de ser el puente ferroviario de hierro más antiguo del mundo que se mantenía en pie había sido concedida por los académicos al viaducto Gaunless (1825), exhibido en el Museo Nacional del Ferrocarril de York, Reino Unido. Diseñado por George Stephenson para su primer ferrocarril, los 23 km entre Stockton y Darlington, en el noreste de Inglaterra, consistía en vanos de armadura lenticular de 4 m con cuerdas superior e inferior curvadas de barras de hierro forjado de 6 cm de diámetro y cinco postes verticales de hierro fundido íntegramente con las cuerdas de hierro forjado. En los últimos veinte años se ha descubierto un puente aún más antiguo en el sur de Gales, en Merthyr Tydfil, un importante centro de producción de hierro a principios del siglo XIX. El Pont-y-Cafnau, un puente ferroviario combinado con acueducto de hierro fundido, único, fue construido más abajo de la confluencia del Taff y el Taff Fechan entre enero y junio de 1793 por Watkin George, el ingeniero jefe de la Cyfathfa Ironworks, para cargar con la vía del tren y un canal de agua. Una viga compuesta de hierro descansa en una armadura con marco en forma de A de hierro fundido, unidas mediante ensambles de caja y espiga y de cola de milano, y salvan una distancia de 14,2 m. El siguiente puente ferroviario parece ser el descubierto recientemente en Aberdare (1811), al que le seguiría el viaducto Gaunless. El más antiguo todavía en servicio es el puente Hall's Station, una armadura Howe diseñada en 1846 por Richard Osborne –que trabajó como ingeniero para la Philadelphia & Reading Railroad–, aunque en la actualidad es utilizado por automóviles y no por trenes. La primera armadura de hierro importante con unión mediante pernos fue construida en Estados Unidos en 1859, y el primer puente de cantilever de hierro se construyó sobre el río Main en el año 1867 en Gassfurt, Alemania.

Otra importante armadura de hierro compuesta, que perdura desde los comienzos del período de construcción de puentes de hierro, es el puente Bollman (c. 1869), en Savage, Maryland (Estados Unidos). El puente Britannia (1850) sobre el estrecho de Manai, Gales (ver páginas 128-131), diseñado por Robert Stephenson y William Fairbainr, era el prototipo de puente de viga plana, finalmente utilizado a lo largo y ancho del planeta. En un principio se pretendió que fuese un puente colgante rigidizado de cuatro vanos, cada uno de ellos formado por pares de tubos rectangulares de hierro forjado por los que pasaba el tren. Si bien Navier publicó su teoría sobre la elasticidad en 1836, poco se conocía sobre la teoría estructural que Stephenson fundamentalmente hizo depender de métodos empíricos de prueba, modificación y vuelta a probar en una serie de maquetas para diseñar los tubos. Dichos tubos se fabricaron, más tarde fueron remolcados por agua hasta su posición y, por último, fueron elevados hasta su emplazamiento con gatos hidráulicos. El remachado se hizo a mano y utilizando máquinas de remachado neumático inventadas por Fairbairn. Tan fuertes eran los tubos que las cadenas colgantes fueron abandonadas. El puente continuó en servicio hasta que en mayo de 1970 un incendio le causó daños irreparables. Sin embargo, el puente Conway Castle, muy cercano en el tiempo al anterior, aún se mantiene en pie (1848, ver páginas 128-131).

Aunque el siglo XIX estuvo marcado por avances tecnológicos significativos, estos prodigiosos logros costaron su precio. Recorridas tres cuartas partes del siglo, dos sucesos, uno a cada lado del Atlántico, arrebataron de golpe y porrazo la embriaguez a la ingeniería. Estos sucesos llegaron en forma de accidentes: la catástrofe en el puente de Ashtbula, Ohio (Estados Unidos), en 1876, y la ocurrida en el puente escocés de Tay en 1879. En Europa se habían dado toques de atención ya en 1847, cuando se derrumbó un puente de viga compuesta de hierro forjado y hierro fundido, de Robert Stephenson, sobre el río Dee, en el la línea de ferrocarril Chester-Holyhead (Reino Unido). Tres años más tarde, casi quinientos soldados franceses cayeron al río Maine, en Angers, Francia, cuando uno de los cables de anclaje incrustado en hormigón de un puente colgante se rompió durante una tormenta, fundamentalmente debido a la resonancia, la oscilación y la oxidación de los alambres de hierro. La catástrofe del Dee estimuló el desarrollo de vigas compuestas de hierro forjado maleable, pensadas para construcciones más seguras. El desplome del puente Basse-Chaine dio lugar a una moratoria de veinte años en la construcción de puentes colgantes de cable en la Europa continental.

EL DISEÑO DE PUENTES EN EL SIGLO XIX

Fueron necesarias las peores catástrofes del siglo en Estados Unidos, Gran Bretaña y Francia para que diese comienzo el desarrollo de estándares y especificaciones y la regulación

LA CONSTRUCCIÓN DE PUENTES

necesarios para proteger al público viajero. La pérdida de 83 vidas causada por el derrumbe de una armadura de hierro forjado y fundido en Ashtabula propició una investigación a cargo de la Sociedad Americana de Ingenieros Civiles. Y la pérdida de 80 vidas por el fallo de una sección del puente Tay propició pesquisas similares.

Las causas que provocaron estos accidentes eran similares. Ambos puentes adolecían de un desconocimiento de la metalurgia que acarreó irregulares métodos de manufacturación y fundiciones defectuosas, e inspecciones y mantenimiento inadecuados. En el puente Tay, vibraciones excepcionalmente fuertes debidas a las tensiones de la dinámica del viento bajo una carga en movimiento crearon una carencia de estabilidad aerostática y, en última instancia el fallo. Los ingenieros tardaron otro cuarto de siglo en perfeccionar el diseño de puentes de acuerdo con las teorías avanzadas sobre el análisis de tensiones, que comprendían las propiedades del material y un renovado respeto por las fuerzas de la naturaleza. Pero la comprensión definitiva de las oscilaciones físicas y las vibraciones de las estructuras no se produjo hasta mediados del siglo xx, después del derrumbe del puente Tacoma en Estados Unidos (1940, ver página 213).

En la segunda mitad del siglo xix se lograron nuevos avances en la teoría del diseño gráfico estático y en el conocimiento de la fuerza de los materiales gracias a ingenieros como Karl Culmann y Squire Whipple; pero el factor que más influyó en el diseño científico de puentes fue el ferrocarril. Los ingenieros se vieron obligados a conocer la cantidad precisa de tensión recibida por los elementos del puente para acomodar el atronador impacto de las locomotoras. Tomando como base los trabajos pioneros del estadounidense Squire Whipple y de ingenieros europeos como Collignon, el último cuarto del siglo xix fue testigo de una amplia aplicación de los estudios analíticos y gráficos, las pruebas de los componentes a tamaño real, las exhaustivas tablas de tensiones, las secciones estructurales estandarizadas, los análisis metalúrgicos, la precisión en la manufactura y fabricación en el mercado de puentes, la publicación de estándares para toda la industria, los planes y especificaciones, las inspecciones y la cooperación sistemática entre ingenieros, contratistas, fabricantes y trabajadores. La experiencia conjunta de las compañías fabricantes de puentes y ferrocarriles y de las

Debajo: Los restos del primer puente Tay. Los materiales de baja calidad combinados con errores de diseño hicieron que no pudiera permanecer en pie tras la violenta tormenta del 28 de diciembre de 1879.

Arriba: El viaducto Starrucca, en Pensilvania, fue construido en 1848 y todavía se usa como puente ferroviario. Se considera que fue una de las primeras veces que se utilizó el hormigón en la construcción de puentes en Estados Unidos.

Arriba: Los estrechos pilares de ladrillo del viaducto Balcombe (también conocido como el viaducto del valle Ouse), que todavía se usa. En su construcción se utilizaron once millones de ladrillos, todos ellos importados de los Países Bajos.

asociaciones de ingenieros permitió que el ferrocarril abordara con éxito puentes de acero y de hierro, así como estaciones de tren con techos de armadura de grandes vanos que se convirtieron en los iconos de la ingeniería del siglo XIX.

NUEVOS AVANCES Y ANÁLISIS CIENTÍFICOS

La primera solución práctica de diseño encaminada a producir estructuras seguras la dieron de forma independiente Squire Whipple en Estados Unidos, en 1847, y D. I. Jourawski en Rusia, en 1850. Whipple había estado trabajando en el problema desde 1841, cuando patentó y construyó su puente de armadura *bowstring*, o de arco atirantado, toda de hierro, que resultó excepcionalmente adecuada para carreteras cortas y para cruzar canales. Su libro sobre el análisis de las tensiones, *A Work on Bridge Building*, está considerado como la contribución de Estados Unidos a la mecánica de estructuras de este período. Su principal gran avance fue el reconocimiento de que los elementos de las armaduras podían ser analizados como un sistema de fuerzas en equilibrio, asumiendo que una junta es un perno sin fricción. Las fuerzas se descomponen en los componentes horizontales y verticales cuyas sumas están en equilibrio. Conocido como el «método de juntas», permite determinar la tensión en todos los elementos de una armadura si se conocen dos fuerzas. Whipple esbozó claramente métodos, analíticos y gráficos, para resolver determinadas armaduras considerando uniformemente distribuidas las cargas muertas y las cargas vivas de móviles. Más de una docena de armaduras de Whipple permanecen como elegantes ilustraciones de sus muy avanzadas conclusiones. El siguiente adelanto fue el «método de secciones» publicado en 1862 por A. Ritter, un ingeniero alemán. Ritter simplificó los cálculos de las tensiones desarrollando fórmulas muy simples para determinadas fuerzas en los elementos cruzados por una sección en cruz. El tercer avance fue un método de análisis gráfico mejor, desarrollado de forma independiente por James Clerk Maxwell, catedrático de Filosofía Natural en el King's College de Cambridge, que lo publicó en 1864, y por Karl Culmann, que fue catedrático en el incipiente Instituto Federal de Tecnología de Zúrich y publicó sus métodos en 1866.

El proceso de acercamiento para entender el modo en que un voladizo se comba y responde a ciertas tensiones duró un largo período de tiempo y empezó con las famosas ilustraciones de vigas de madera de Galileo, ancladas en ruinosas paredes de mampostería y sosteniendo un peso de piedra en su extremo. Y aunque la teoría de Galileo no era del todo correcta, las posteriores soluciones fueron discutidas en términos del voladizo de Galileo. En Francia, en 1776, C. A. Coulomb supuso que la tensión flexural en una viga voladiza tenía un valor máximo de comprensión sobre el extremo inferior y un valor máximo de tensión en el superior con un eje neutral en algún punto entre las dos superficies. El problema de entender los momentos de flexión en términos mecánicos fue descrito, en 1826, por Louis Marie Henry Navier en su *Résumé de leçons données à l'École des Ponts et Chaussées*. En 1757, el matemático suizo Leonard Euler proporcionó la solución a la curvatura elástica de las columnas gracias a una fórmula que indica la carga máxima que una columna puede recibir sin derrumbarse.

VIADUCTOS Y CABALLETES FERROVIARIOS

El ferrocarril, el medio de transporte que revolucionó el siglo XIX, generó un tipo de puente que merece especial mención. La tracción limitada de las locomotoras forzó a los ingenieros ferroviarios a diseñar las líneas de tren con rasantes fáciles. Los viaductos y los caballetes fueron la solución adoptada por los ingenieros para mantener una línea casi recta y horizontal allí donde la profundidad y la anchura de los valles o gargantas hacían impracticables los terraplenes. Estas enormes y elevadas estructuras fueron construidas en un primer momento en estilo romano de múltiples arcos y pilares de piedra. Más tarde, cuando el hierro forjado y el acero estuvieron disponibles, los ingenieros construyeron viaductos y caballetes de gran longitud y peso en una serie de puentes de armadura o de viga compuesta soportados por torres compuestas de dos o más curvaturas apuntaladas juntas.

El viaducto Thomas, en la línea de ferrocarril Baltimore-Ohio (1835); el viaducto Canton, en la de Boston-Providence (1835); y el viaducto Starrucca, en la de Nueva York-Erie (1848), son los viaductos de piedra más antiguos y tres de las estructuras monumentales más grandes de las primeras vías férreas estadounidenses. Entre los ejemplos europeos se encuentran el viaducto de Barantine, construido en 1846 con ladrillo en lugar de piedra por marinos británicos bajo la

LA CONSTRUCCIÓN DE PUENTES

dirección de MacKenzie y Thomas Brassey, y el viaducto de Saint-Chamas (1847), ambos en Francia. En el Reino Unido pueden destacarse viaductos como el Ballochmyle (1848), de 55 m, diseñado por John Miller para el ferrocarril Glasgow-South Western, el arco de mampostería de mayor longitud del país; el viaducto Harrington (1876), el más largo a una altura de 1.067 m, que descansa sobre 82 arcos de ladrillo; el viaducto Meldon (1874), en Devon, el de hierro mejor conservado; y el viaducto Glenfinnian (1898), que tiene 21 arcos de hormigón en masa vertido.

El más destacado de los primeros caballetes fue el viaducto Portage, en Estados Unidos (1852), una notable estructura de maderos, diseñada por Silas Seymur, que soportaba el ferrocarril Erie a su paso sobre el río Genessee, a 71 m por encima del agua y de 276 m de largo. Un incendio lo destruyó en 1875 y fue reemplazado por uno de hierro y, más tarde, por otro de acero. Uno de los primero viaductos de hierro fue el largo viaducto Crumlin, de 510 m, construido por Thomas W. Kennard y diseñado por Charles Liddell para la línea Newport-Hereford, a 66 m por encima del valle Ebbw, en Gales. Éste sirvió como prototipo para posteriores viaductos, como el de La Bouble (1871), una serie de vigas compuestas en celosía sobre torres de hierro fundido acampanadas en la parte inferior, construido bajo la dirección de Wilhelm Nordling. Tenía 395 m de largo por 66 m de alto, y se hallaba en la línea Commentry-Gannett, en Francia.

El primer viaducto de hierro de Estados Unidos fue diseñado por Albert Fink para la línea de ferrocarril Baltimore-Ohio, sobre el Tray Run en el valle del río Cheat, en (West) Virginia, un lugar remoto en medio de la nada, salvaje y todavía pintoresco. Construido en 1853, consistía en una serie de columnas inclinadas de hierro fundido apoyadas sobre pedestales de piedra, conectadas por arriba por arcos de hierro fundido; todo el conjunto estaba reforzado con tirantes de hierro forjado. Ejemplos de hoy en Norteamérica son el viaducto Lethbridge (1909), en el Canadian Pacific, en Alberta, compuesto por la alternancia de caballetes de 20 m y vigas compuestas de 30 m a lo largo de 1.624 m, el más largo y más pesado del mundo; y el viaducto Kinzua (1900), en el antiguo ferrocarril Erie, en Pensilvania, que fue parcialmente destrozado por un insólito tornado en 2003. El viaducto Tunkhannock (1915), de 73 m de altura por 724 m de longitud, es el puente de arcos de hormigón armado más largo del mundo.

PUENTES COLGANTES

Aunque en China ya conocían los puentes colgantes desde el 206 a. C., en Europa el primer puente colgante de cadenas no apareció hasta 1741, cuando fue construido en Inglaterra el puente Winch, de 21 m de luz, sobre una sima del río Tess, con el tablero tendido directamente sobre dos cadenas. En Estados Unidos fue el americano James Finley quien construyó el primer puente colgante útil, en 1796. Se trataba de un puente sobre el Jacobs Creek, cerca de Uniontown, Pensilvania, al que Finley describió como un puente «rigidizado» en un artículo que publicó en *Portfolio,* en 1810. El puente despliega todos los elementos esenciales de los puentes colgantes modernos: un piso elevado colgado de un sistema de cableado (la forma de una cadena colgante flexible cuando recibe el efecto de su propio peso) suspendido sobre dos torres y anclado en el suelo, y un piso de armadura rigidizada, que da como resultado un puente rígido capaz de soportar cargas relativamente pesadas.

EL DESARROLLO DEL CABLEADO DE ALAMBRE

El primer puente colgante del mundo hecho con cable de alambre fue una pasarela provisional de 124 m, construida en 1816 para los trabajadores de los fabricantes de alambre Josiah White y Erskine Hazard sobre el Schuylkill, en Filadelfia. Estados Unidos no hizo muchas más contribuciones hasta mediados del siglo XIX, pero estos inventos fueron puestos en práctica inmediatamente por los europeos. Los franceses y suizos continuaron utilizando cables de alambre, desarrollando métodos para fabricar los cables in situ. En 1822, Marc Séguin propuso un cable colgante hecho con más de cien finos cables de hierro y levantó su primer puente colgante (en realidad una pasarela como la de White y Harzard) sobre el Cance, en Annonay, Francia; luego propuso una estructura mayor sobre el Ródano, en Tournon. Mediante pruebas científicas, Séguin probó la resistencia del cable de alambre (el doble que la cadena inglesa de barras de hierro agujereadas) y describió sus hallazgos en su *Des ponts en fil de fer,* publicado en 1824. El primer puente colgante permanente de cable de alambre, diseñado por Séguin y Guillaume-Henri Dufour, fue abierto al público en Génova, en 1823, seguido por el puente

Arriba: La estructura de hierro forjado y fundido del viaducto Meldon, en Dartmoor (Reino Unido), fue construida en 1874. Como puente ferroviario fue cerrado en la década de los sesenta, pero en 2002 fue reabierto como parte de la ruta ciclista y a pie que va de Okehampton a Lydford.

Arriba: El viaducto ferroviario más alto de Reino Unido, el Ballochmyle, salva 55 m sobre el río Ayr. Se terminó de construir en 1848, para las líneas férreas de Glasgow, Paisley Kilmarnock y Ayr.

Derecha: El viaducto Kinzua (Estados Unidos), cerrado permanentemente a los trenes en 2002, fue destrozado por un insólito tornado en 2003. Nueve de las veinte torres originales sobrevivieron y actualmente están siendo evaluadas de cara a su estabilización.

Tain-Tournon, también de Séguin, un doble puente colgante sobre el Ródano, terminado en 1825. El puente que reemplazó a este último, probablemente el puente colgante de cable de alambre más antiguo del mundo, todavía permanece en pie con su armadura rigidizada de madera, cuidadosamente copiada, y su piso. Varios de los puentes colgantes de cable de alambre de la primera generación de Séguin, a partir de la década de 1830, permanecen sobre el Ródano, en Andance y Fourques, pero los pisos originales han sido reemplazados por otros de acero. El cable de alambre se hizo su hueco como el sistema por excelencia para puentes de largo vano en 1834, con el puente Fribourg, de 265 m, diseñado por Joseph Chaley sobre el río Sarine, en Suiza. Después de éste, se desarrolló el estándar típico europeo –cables de alambres finos y paralelos, pisos ligeros rigidizados con armaduras de madera, y pilares y cimientos hundidos utilizando cemento hidráulico–, del que se hicieron cientos.

LAS CADENAS DE BARRAS AGUJEREADAS

En aquel momento los ingenieros británicos preferían utilizar cadenas de barras agujereadas conectadas y lograr puentes ligeros y elegantes, tanto más efectivos en contraste con las torres colgantes de mampostería. El primer puente colgante a gran escala en Reino Unido fue el Menai en la carretera de Londres a Holyhead sobre el estrecho del mismo nombre, al norte de Gales. Los viajeros podían tomar un barco en Holyhead para hacer la última etapa del viaje a Irlanda. Fue diseñado por Thomas Telford y terminado, en 1826, con una luz sin precedentes de 177 m mediante barras agujereadas de hierro forjado. Cada una de las barras había sido probada cuidadosamente antes de enganchar unas a otras y de ser colocadas en su sitio. La carretera tan solo tenía 7 m de anchura y, sin armaduras rigidizadas, pronto se comprobó su inestabilidad cuando soplaba el viento. El puente Menai fue reconstruido en dos ocasiones antes de que se duplicase en acero todo su sistema de suspensión, en 1940, y de que las aperturas arqueadas en las torres fuesen ensanchadas. El puente colgante más antiguo existente hoy en día es el Unión, sobre el río Tweed, en Berwick, Reino Unido; se trata de un puente de cadenas diseñado y levantado por el capitán Samuel Brown, en 1820, con una luz de 137 m.

LOS PUENTES COLGANTES DE J. A. ROEBLING

Mientras los franceses establecían una moratoria en la construcción de puentes colgantes tras el derrumbe del Basse-Chaine en 1850, el testigo creativo volvió a cruzar el Atlántico y fue recogido en Estados Unidos por Charles Ellet y John Augustus Roebling. Tras estudiar los puentes colgantes en Francia, Ellet regresó a su país con la tecnología necesaria y construyó un puente de 308 m sobre el río Ohio, en Wheeling, (West) Virginia, en 1849, que fue el más largo del mundo. Gracias a las técnicas desarrolladas por los Roebling, que fueron utilizadas en la reconstrucción de la estructura, tras una tormenta que arrancó los cables, el puente permanece en servicio todavía.

Roebling había llegado a Estados Unidos diez años antes y fundó una fábrica de cuerdas de alambre en Saxonburg, Pensilvania, que más tarde trasladó a Trenton, Nueva Jersey. Educado en Europa, habría estado expuesto a los conceptos de puentes colgantes de cable de alambre de los ingenieros franceses y suizos. Roebling y Ellet compitieron por la primacía en el diseño de puentes colgantes. Y ganó el primero cuando se hizo cargo del diseño del puente colgante del Niágara de Ellet, completándolo con éxito en 1855.

Los ingenieros no llegaron a comprender del todo la inherente tendencia de los puentes colgantes a balancearse y a ondear bajo reiteradas cargas rítmicas, como la marcha de los soldados o el viento, hasta la década de los cuarenta, tras el desplome del puente Tacoma Narrows (apodado Galloping Gertie, «galopante Gertru»). El honor de diseñar el primer puente colgante lo suficientemente rígido como para resistir la carga del viento y las cargas altamente concentradas de las locomotoras pertenece a John Roebling. Su primera obra maestra fue el puente colgante Niágara, con una luz de 250 m en el ferrocarril Grand Trunk, debajo de las cataratas del Niágara. Los dos pisos, el superior para el tren y el inferior para un servicio de camino normal, estaban separados por una armadura rigidizada de 6 m. Además, la armadura fue enriostrada con tirantes radiales inclinados desde la parte superior de las torres de suspensión y cables de anclaje que amarraban el piso a los lados de la garganta, dificultando cualquier tendencia a elevarse con las ráfagas de viento. Para los cuatro cables principales, Roebling utilizó alambres paralelos amarrados in situ, pero, en lugar de los cordones

Arriba: Marc Séguin fue el inventor del puente colgante con cable de alambre y su puente peatonal sobre el Ródano (1847) es el más antiguo en el mundo de este tipo. Reemplazaba a otro anterior, de 1825, también de Séguin.

Arriba: La equilibrista Mari Spelterini, con cestas de fruta en los pies, cruza la garganta del río Niágara, en 1876. Al fondo, cientos de espectadores observan la escena desde el puente colgante de las cataratas del Niágara.

Arriba: El Union Bridge sobre el río Tweed, también conocido como el Chain Bridge, era el puente de hierro forjado más largo del mundo cuando fue inaugurado en 1820. Hoy en día, aún es el puente colgante abierto al tráfico más antiguo.

individuales como el sistema «garland» que preferían los franceses, él agrupó los cordones en un solo gran cable y lo envolvió con alambre, una técnica que patentó en 1841, pero que ya había sido ilustrada por Vicat, en 1831, en su *Rapport sur les ponts en fil de fer sur le Rhône*.

EL MAGNÍFICO PUENTE DE BROOKLYN

A pocos puentes en el mundo no hace sombra el puente de Brooklyn, en Nueva York. Acabado en el año 1883, el plan implicaba dos inconfundibles torres de piedra, cuatro cables principales, anclajes, cables tirantes diagonales y cuatro armaduras rigidizadas separando la calzada normal y la línea del tranvía del paseo peatonal. Con una luz de 486 m que batía marcas, el puente Brooklyn fue diseñado por Roebling, pero fue construido por su hijo y su nuera después de que él muriese de sepsis tras sufrir un accidente mientras inspeccionaba la localización de la torre Manhattan, donde se le aplastó un pie. Gigantescas torres egipcias, perforadas con arcos apuntados, se alzan 84 m sobre la media más alta del nivel del agua y 24 m menos en el lado de Manhattan, y 13,6 m en el lado de Brooklyn. Los cables tirantes diagonales dan al puente su aspecto característico, pero su función real es la de rigidizar el piso.

Aún permanecen otros dos puentes colgantes de Roebling: uno que salva el río Ohio en Cincinnati, que fue acabado en 1867; y el acueducto Delaware que fue diseñado para el canal Delaware-Hudson. Este último fue rehabilitado meticulosamente por el Servicio Nacional de Parques de Estados Unidos y es el puente colgante superviviente más antiguo de Estados Unidos.

PUENTES DE ACERO

Las estructuras de acero son más fuertes y más dúctiles que las de hierro forjado o hierro fundido y permiten una mayor flexibilidad en el diseño. Los treinta últimos años del siglo XIX fueron testigo de la introducción de las planchas de acero y las formas laminadas, lo que condujo a la enorme producción de armaduras de acero y vanos con vigas en forma de I de longitud cada vez mayor a lo largo y ancho del mundo. Estos largos vanos favorecieron los arcos y los voladizos de acero, ya que éstos resistían mejor los impactos, las vibraciones y las cargas concentradas del pesado tráfico ferroviario.

MÁS FUERTES Y MÁS LARGOS

Que se conozca, el acero fue utilizado por primera vez en la construcción de puentes en 1828, en el puente colgante de 102 m sobre el canal del Danubio, cerca de Viena, diseñado por Ignaz von Mitis. Las cadenas de barras agujereadas de acero fueron forjadas a partir de hierro descarbonizado procedente de Estiria (el más grande de los estados federados austríacos). El acero reducía a la mitad el peso del hierro forjado, pero continuó siendo prohibitivamente caro durante cuarenta años más, hasta que no se perfeccionaron los procesos de fabricación de acero, como el proceso Bessemer, y los crisoles abiertos (no se sabe a ciencia cierta si los productores de hierro de Estiria crearon acero de verdad o si la descarbonización fue un proceso mecánico que dio como fruto un acero de superficie endurecida, más bien un tipo de hierro forjado que la masa de acero que resulta del proceso Bessemer). El primer puente importante en utilizar acero de verdad fue el puente Eads, en 1874, el más elegante de los que cruzan el río Misisipi, en Estados Unidos, construido por la compañía Keystone Bridge, que subcontrató la fabricación de las partes de acero a Butcher Steel Works y las partes de hierro a Carnigie-Lloman, ambas de Pittsburgh. Sus vanos en arcos de acero tubular y nervios de 153, 159 y 153 m, y su diseño de doble piso echaron por tierra todos los precedentes de ingeniería hasta el momento: el vano central era, con diferencia, el arco más largo. Charles Pfeiffer había desarrollado fórmulas matemáticas para diseñarlo. El método de construcción en voladizo, ideado por el coronel Henry Flad y utilizado por primera vez en Estados Unidos, permitió eliminar el apoyo central, que habría sido imposible en las anchas, profundas y rápidas aguas del río Misisipi. Mientras se recuperaba de una enfermedad en Francia, el diseñador James Buchanan Eads proporcionó un método para hincar los pilares en aguas profundas. Investigó un puente en construcción sobre el río Allier, en Vichy, que utilizaba cajones neumáticos de Cubitt y de Wright (cámaras sin pies rellenas con aire comprimido).

El primer gran puente de acero en Francia fue el viaducto Viaur, un arco de acero triplemente articulado de 220 m flanqueado por voladizos de 95 m. Sin embargo, el mayor

Arriba: La calzada peatonal del puente colgante de las cataratas del Niágara, de doble piso, corre debajo de la vía férrea. En 1897, el puente fue reemplazado por completo por el Whirlpool Rapids Bridge.

Arriba: Las gigantescas torres de mampostería del puente de Brooklyn, de Roebling, son tan altas que los cimientos tuvieron que ser excavados 24 m por debajo del nivel del agua para poder alojarlas.

Arriba: En el que fuera el puente de arco más largo del mundo en el momento de su construcción (1874), el puente Eads, en Saint Louis (Estados Unidos), se realizó por primera vez un uso exclusivo del soporte en voladizo en un puente. Hoy en día aún se usa.

Arriba: El viaducto Viaur, un puente ferroviario en cantilever que supuso la primera utilización importante del acero en Francia. Su construcción duró siete años, de 1895 a 1902, y la dirigió el ingeniero Paul Joseph Bodin.

Arriba: El puente Bayonne, de Nueva Jersey, Estados Unidos, sucedió al puente Hell Gate como el de arco de acero más largo del mundo cuando fue inaugurado en 1932. El diseño de su arco se inspiró en su predecesor neoyorquino.

Izquierda: La construcción del puente ferroviario Hell Gate duró dos años, desde 1914 a 1916. Se cree que el Sydney Harbour Bridge (1932) se inspiró en él.

logro con este material durante el siglo XIX fue el fortísimo puente ferroviario Forth, en Escocia (1890, ver páginas 138-141). Su diseño lo motivó la catástrofe del puente Tay. Se necesitaron unas cincuenta y cuatro mil toneladas de acero, elaborado según el proceso de crisol abierto de Siemens-Martin, para los vanos voladizos de 521 m cuyos principales puntales de compresión en forma de I de acero laminado estaban remachados con tubos de 4 m de diámetro. Otra autoridad en los efectos del viento sobre las estructuras era Gustav Eiffel, quien realizó experimentos parecidos en Francia antes de diseñar otro de los grandes puentes de arco del mundo, el viaducto Garabit (1885) de 165 m en los ventosos valles del Macizo Central francés, aunque mantuvo el hierro forjado, ya que el nuevo material no terminaba de convencerle.

Durante las primeras décadas del siglo XX se construyeron arcos de acero de enorme luz. Uno de los más grandes es el puente Hell Gate, en Estados Unidos (1917), un arco de armadura de dos articulaciones, cuya cuerda superior sirve como parte de una armadura rigidizada. Diseñado por Gustav Lindenthal para salvar la Hell Gate, en la punta más al norte de la isla de Manhattan, para el ferrocarril New England Connecting, está enmarcado entre dos enormes torres de piedra. El arco de 298 m, con un peso de 80.000 toneladas, era el arco de acero más largo y más pesado del mundo. El siguiente fue el puente Bayonne (1931), que hoy día continúa siendo uno de los arcos de acero más largos del mundo. Fue construido durante la Gran Depresión por un equipo reunido bajo la dirección del ingeniero Othmar Ammann, nacido y criado en Suiza, ingeniero jefe de la Autoridad Portuaria de Nueva York. Inaugurado justo tres semanas después del puente George Washington, en aquel momento el puente colgante más largo del mundo, este segundo máximo histórico fue financiado y construido por la Autoridad Portuaria simultáneamente, ambos proyectos constituían una de las obras públicas más grandes acometidas desde tiempos de los romanos. El puente Bayonne conecta Bayonne (Nueva Jersey) y la isla Staten (Nueva York) con un arco parabólico de doble articulación de acero al manganeso de 511 m de luz y 81 m de flecha, el piso claramente separado del agua por 46 m. Al igual que en el puente Hell Gate, la cuerda superior del arco actuaba como tensor, y la cuerda inferior soportaba la carga. El puente Bayonne fue diseñado para ser 8 m más largo que el casi idéntico Sydney Harbour Bridge, en Australia, que había sido empezado cinco años antes.

La construcción de puentes prosperó en otras zonas además de Europa y Estados Unidos porque los imperios coloniales de varias naciones estaban en su momento álgido durante los años tardíos del siglo XIX. En la India, por ejemplo, los ingleses construyeron varios puentes ferroviarios de largos vanos, como los puentes Hooghly y Sukkur, que superan los 300 m de luz y que son interesantes porque fueron construidos utilizando los equipamientos más sencillos y una mano de obra no cualificada.

PUENTES EN CANTILEVER

Como ya hemos mencionado, dos de los mejores ejemplos de estructura en cantilever son el puente Eads, en el que el levantamiento de los arcos empleó los principios del cantilever, y el puente ferroviario Forth, quizás el cantilever más grande del mundo. El estudio de este tipo de puente está justificado por su interés ingenieril y porque ilustra la sorprendente aplicación del hierro y el acero en la construcción de un puente.

LOS PRIMEROS CANTILEVER

La tipología de puente en cantilever fue una de las primeras con la que se construyeron muchos puentes por parte de antiguas culturas de China e India. El primer cantilever moderno fue el puente Hassfurt, de Heinrich Gerber, sobre el río Main, en Alemania (1867), con un vano central de 38 m. Según W. Westhofen, quien escribió el clásico informe sobre el puente Forth, la idea fue sugerida primero por John Flower, codiseñador del puente Forth, hacia 1846-1850. En Inglaterra y Estados Unidos este tipo de puente se conoce como *cantilever* (voladizo), en Francia como *portes-à-faux* (apoyo en falso), y en Alemania como *puente Gerber*, en honor al constructor. Mediante la inserción de articulaciones, las vigas compuestas pueden hacerse estáticamente determinantes (las fuerzas internas que actúan en la estructura son suficientes para mantener el equilibrio). Éste era su primer atributo, pero también ofrecía la posibilidad de erigirlo sin andamiaje, la capacidad de los brazos del puente de ser construidos fuera de los pilares, manteniendo el equilibrio cada uno sin necesidad de cimbras, lo que se convirtió en la

LA CONSTRUCCIÓN DE PUENTES

gran ventaja. Este principio también se puede aplicar a otro tipo de puentes, como los de arcos, y un ejemplo es el puente Eads, donde la anchura, la profundidad y la corriente del poderoso Misisipi impedían erigir cimbras.

En 1877, C. Shaler Smith proporcionó el primer examen práctico del principio de cantiléver cuando construyó lo que entonces era el voladizo más largo del mundo sobre la garganta de 366 m de anchura y 84 m de profundidad del río Kentucky, cerca de Dixville, en Kentucky (Estados Unidos). El cantiléver resolvió la dificultad de erigir cimbras en una garganta ancha y profunda. Los brazos de anclaje eran armaduras Whipple de 11 m de profundidad que se extendían 23 m más allá de los pilares. De los brazos se colgó una armadura semiflotante de 91 m, fijada a los cimientos y articulada hacia el cantiléver, haciendo el vano total desde la pila hasta el cimiento de 114 m. Gustav Lindenthal reconstruyó el puente en 1911 utilizando vanos de igual longitud, pero con armaduras el doble de profundas.

El siguiente puente en cantiléver importante fue un vano contrapesado diseñado en 1883 por C. C. Schneider para el ferrocarril Michigan Central sobre la garganta del Niágara. Con brazos que sostenían una simple estructura colgante, este vano de 151 m y el casi idéntico puente Faser River, en British Columbia (Canadá), hicieron que la atención de los ingenieros del mundo se dirigiera hacia este nuevo tipo de puente. Estos dos puentes fueron el prototipo de otros posteriores en cantiléver: el Poughkeepsie en Nueva York, el Firth of Forth en Escocia, y el puente Quebec en Canadá.

El cantiléver Poughkeepsie (1886) fue el primer raíl que cruzó el río Hudson por debajo de Albany, a 89 km al norte de la ciudad de Nueva York. Construido por la Union Bridge Company de Nueva York con diseños de la empresa de ingenieros Francis O'Rourke y Pomeroy P. Dickinson, la longitud total es de 2.063 m, incluidos dos voladizos de 167 m cada uno. Reforzado en 1906 mediante la suma de una tercera línea de armaduras colocada debajo del centro y diseñada por Ralph Modjeski, esta magnífica estructura fue cerrada y abandonada finalmente en 1974.

El puente en cantiléver más famoso del mundo también es uno de los primeros y más largos puentes de acero y mantuvo su récord de longitud durante veintisiete años. Los aficionados a los puentes conocen de sobra la brillante demostración realizada por *sir* Benjamin Baker para ilustrar los principios estructurales del puente Firth of Forth: dos hombres sentados en sendas sillas con los brazos extendidos y sujetando unos palos con los que mantenían en el aire sentado en un tablón a Kaichi Watanabe, un estudiante japonés de ingeniería que estaba de visita, composición que representaba los pilares fijos, los voladizos y el puente colgante. Para asegurar que no se repetiría la catástrofe del puente Tay, Baker realizó una serie de pruebas, midiendo el viento en varios lugares de la zona durante un período de dos años, llegando a una presión de diseño de 274 kg/m², que superaba con creces cualquier carga que el puente pudiera sufrir jamás. Cada uno de los dos vanos principales del puente consistía en dos cantiléver de 207 m con un vano colgante de 107 m para una longitud total de 521 m. John Fowler y Benjamin Baker diseñaron el puente Forth (1890) de tal forma que resistiese cargas de viento 5,5 veces superiores a las que derribaron el puente Tay.

El récord del puente ferroviario Forth fue superado en 1917, cuando el puente Quebec por fin fue acabado, salvando el río San Lorenzo cerca de Quebec, Canadá, con un vano voladizo de 549 m (ver páginas 210-213). Su predecesor había fallado en 1907, durante su construcción, al causar la muerte a más de ochenta trabajadores y truncando la carrera profesional de uno de los ingenieros más importantes de Estados Unidos. Theodore Cooper había aceptado el encargo a regañadientes con un presupuesto insuficiente para contratar empleados, para tener en cuenta las especificaciones escritas y para mantener inspecciones sobre el terreno. El diseño no estaba recalculado cuando Cooper, en un intento por superar la luz del puente Forth –que seguía ostentando el récord– lo incrementó en unos sesenta metros, lo que a la larga provocó el fallo de uno de los principales elementos de compresión de la cuerda inferior del anclaje sur. El segundo puente también tuvo sus problemas cuando uno de los gatos falló mientras elevaba el cantiléver central de 5.000 toneladas, que se hundió en el río. Al cabo de dos semanas se elevó con éxito una réplica de la armadura hasta el lugar que le correspondía y el puente fue inaugurado finalmente. Este puente diseñado por E. H. Duggan y Phelps Johnson, con Ralph Modjeski como asesor, fue criticado por muchos ingenieros por ser el más feo, mientras que el cantiléver por lo general era apreciado como un estereotipo, especialmente aquéllos de los

Arriba: El temerario canadiense Samuel J. Dixon cruza el río Niágara por debajo del puente cantiléver Niágara de Schneider, en 1890. C. C. Schneider también investigó en 1907 el desplome del primer puente Quebec.

Arriba: El puente ferroviario Forth (1890) consta de dos arcos voladizos principales. Fue diseñado para resistir condiciones mucho más extremas que las que causaron la catástrofe del puente Tay en 1879.

Derecha: El puente cantiléver Poughkeepsie fue apartado del servicio en 1974. Actualmente su estructura sobre el río Hudson está siendo reparada y reconstruida, y se espera que pueda ser reabierto como camino peatonal.

comienzos norteamericanos, cuyo perfil era antiestético a pesar de su récord en longitud. El cantilever más largo de Europa era el puente Danubio de Saligney, cerca de Czernavoda (Rumania), con una luz de 190 m. Otro gran cantilever es el puente Howrah sobre el río Hooghly, en Calcuta, India (ver páginas 182-183).

LA REINTRODUCCIÓN DE LA MAMPOSTERÍA Y EL HORMIGÓN

El hormigón es un material antiguo. Fue descubierto y utilizado por primera vez por los romanos en sus templos y acueductos, y más tarde a lo largo de la historia fue redescubierto de forma esporádica por ingenieros que lo utilizaban como hormigón en masa vertido.

El descubrimiento del cemento natural en 1796, en la isla de Sheppey, en el estuario del Támesis, renovó el interés por este material, pero la era del hormigón empezó su desarrollo más decidido con la invención del cemento artificial Portland a cargo de Joseph Aspdin, en 1824. Esta mezcla de arcilla y piedra caliza calcinadas mezclada con tierra dio como resultado un material que tenía una amplia aplicación en edificios y puentes. Los estudios científicos de Vicat sobre cementos naturales y artificiales, iniciados en 1816 en el puente de Souillac (Francia), revelaron el primer acercamiento a las propiedades químicas del cemento hidráulico. Canvass White, un ingeniero del canal Erie (Estados Unidos), descubrió cemento natural en 1818 y fundó una fábrica para manufacturar la sustancia en Chittenango, Nueva York. El beneficio fundamental de este material era su capacidad para fraguar bajo el agua. Este ingeniero patentó el proceso y lo bautizó como «cemento hidráulico» en 1819, y lo utilizó en acueductos, cimientos, alcantarillas y paredes de sellado.

En 1831, el ingeniero francés Lebrun diseñó el primer puente de hormigón para cruzar el río Agout, aunque nunca se llegó a construir. Un temprano, y significativo, uso estructural del hormigón en Estados Unidos tuvo lugar en 1848, en los cimientos y el piso del viaducto Starrucca, en el ferrocarril Nueva York-Erie: un fortísimo puente de arco de piedra con una longitud total de 317 m, diseñado por Julius Walker Adams y construido por James Pugh Kirkwood.

Más tarde, el uso de cemento artificial combinado con un conocimiento más sofisticado de los principios matemáticos de la teoría sobre los arcos dio como resultado un renovado interés en Europa por los puentes de arcos de mampostería y piedra. Los viaductos ferroviarios de mampostería, que empezaron a realizarse a mediados del siglo XIX, supusieron una tecnología de ingeniería civil muy importante en la Europa continental. Los más impresionantes puentes de este tipo fueron el viaducto Chaumont (1857), con 600 m de longitud, y el viaducto Sainte-Brieuc (1860), de 73 m de altura, ambos en Francia, y el viaducto Götzschtal en Alemania, que empleó 26 millones de unidades de ladrillo.

El ingeniero francés Paul Séjourne encarnó la reafirmación moderna más elegante de los principios de este material tan antiguo en su obra maestra, su puente de piedra de 85 m de luz, el Pont Adolphe (1903), en Luxemburgo, y en el puente de Plauen (1905), Alemania, que fue el más largo realizado en mampostería, con una luz de 90 m.

EL HORMIGÓN COMO CORRIENTE DOMINANTE

Los inicios del hormigón como material importante en la construcción de puentes se remontan al año 1865, cuando se utilizaba bajo la forma de masa no reforzada para estructuras de múltiples arcos, como la del acueducto Grand Maitre, que transportaba agua desde el río Vanne hasta París, a 151 km.

A finales del siglo XIX, los ingenieros demostraron las posibilidades que tenía el hormigón armado como material estructural. Con el hormigón soportando fuerzas de compresión y el hierro forjado y las barras de acero soportando la tensión, empezaron a proliferar los puentes de amplias y espectaculares curvas.

Los actuales puentes de hormigón armado de amplia luz son descendientes de los esfuerzos obtenidos de las numerosas patentes de puentes concedidas, entre 1868 y 1878, al jardinero francés Monier. Suyo es el honor de ser el primero que comprendió los principios del hormigón armado cuando, en 1867, patentó tiestos para plantas de cemento mortero reforzado con mallas de alambre de hierro incrustadas en el hormigón y moldeado con formas curvilíneas. Puesto que él no era ingeniero, no se le permitió construir puentes en Francia, razón por la que vendió sus patentes a los contratistas alemanes y austriacos Wayss, Freitag y Schuster, quienes se

Arriba: Los pilares más altos del viaducto Chaumont se elevan 50 m sobre el fondo del valle. Cuatro de ellos fueron reconstruidos en hormigón (y cubiertos de piedra) después de que el ejército alemán las hiciera saltar por los aires en 1944.

Arriba: Después de seis años de construcción, el puente Howrah fue inaugurado en 1943. Es uno de los tres puentes que cruzan el río Hooghly, y se ha convertido en uno de los símbolos más famosos de Calcuta y Bengala Occidental.

Arriba: El viaducto Göltzschtal de Sajonia (Alemania), de 78 m de altura, fue obra de los ingenieros Johann Andreas Schubert y Robert Wilke, y es una de las construcciones de ladrillo más largas del mundo.

Arriba: El Pont Adolphe, de Paul Séjourne, se ha convertido en uno de los símbolos nacionales de Luxemburgo y en una importante atracción turística para la ciudad que lo alberga. La estructura soporta su propio peso con hormigón armado.

Arriba: El puente de hormigón armado de Saint-Pierre-du-Vauvray, en Francia, fue inaugurado en 1923. En 1940, durante la Segunda Guerra Mundial, fue destruido, pero más tarde lo reemplazó una estructura casi idéntica.

Arriba: El puente transbordador de Middlesbrough (Reino Unido) lleva un pequeño coche o góndola con capacidad para 200 personas a lo largo de toda la estructura. Es el puente de este tipo más largo del mundo aún operativo.

encargaron de construir la primera generación de puentes de hormigón armado en Europa: el puente peatonal Monierbrau de 40 m en Bremen (Alemania) y el puente Wildegg, con una luz de 37 m, en Suiza. Asimismo otras patentes se registraron en Bélgica, Francia e Italia, especialmente por parte del francés François Hennebique, quien fundó la primera empresa internacional para comercializar sus puentes antes de la Primera Guerra Mundial. Su primera obra maestra fue construida en Millesimo (Italia), en 1898, y la que se realizó en 1905 en Châtellerault, Francia, sigue siendo uno de los primeros puentes destacables de arco de hormigón armado del mundo, con un vano central de 52 m y dos arcos laterales de 40 m. En 1912, Hennebique estableció un nuevo récord mundial con un puente sobre el río Tíber, en Roma, con un vano de 100 m. En Francia, Eugène Freyssinet construyó más puentes importantes de tres vanos con impresionantes vanos centrales, como el de Veurdre (1910) y el de Boutiron (1912).

INFLUENCIAS FRANCESAS

En Francia, donde surgieron gran parte de la ideas originales en torno al hormigón armado, el récord de vano más largo lo ostentaba el puente Saint-Pierre-du-Vauvray (1922), realizado por Freyssinet. Éste perfeccionó la técnica de pretensar el hormigón insertando cilindros hidráulicos en un agujero que se emplazaba en la clave de los arcos, y activando más tarde los cilindros para elevar los arcos de la cimbra y rellenar el agujero con hormigón, dejando tensiones de compresión permanentes solo en los arcos.

El puente Vauvray sobre el Sena obtuvo el récord de luz con 131 m: el piso colgaba de ganchos de alambre desde los nervios de arcos celulares vacíos, estaba recubierto con cemento mortero y soportaba la carretera sobre armaduras de piso de hormigón ligero. El Vauvray fue destruido en la Segunda Guerra Mundial, por lo que el puente Plougastel (1930) sobre el río Elon, en Brest, con tres vanos de 173 m, pasó a ser el vano de arco de hormigón armado más largo hasta 1942.

LAS ESTRUCTURAS SUIZAS

El ingeniero suizo Robert Maillart diseñó arcos de tres articulaciones en los que el piso y los nervios del arco se combinaban para producir estructuras casi integradas que desarrolló en arcos rigidizados de hormigón armado muy finos y losas de hormigón, como el puente Schwandbach (1933), que se halla cerca de Schwarzenbach (Suiza). El temprano aprendizaje de Maillart con Hennebique agudizó su conciencia acerca del carácter plástico del material. Su profundo conocimiento del hormigón armado le permitió desarrollar nuevas, ligeras y magníficas formas esculturales. Los puentes de Maillart son de dos tipos: los arcos de losas rigidizadas y los arcos de tres articulaciones con una calzada de losas integrada. El puente Salginatobel (1930), que se alza cerca de Schiers (Suiza), es el ejemplo de este tipo más espectacular del mundo.

ESTADOS UNIDOS Y REINO UNIDO

El puente en arco de mampostería y hormigón más largo del mundo es el Rockville (1902), que cruza el río Susquehanna (Estados Unidos) y sobre el que pasan cuatro vías del antiguo ferrocarril de Pensilvania, por encima de 48 arcos de 21 m cada uno, lo que da lugar a una longitud total de 1.164 m. Este puente formaba parte de un enorme programa de mejoras que se prolongó a lo largo de 20 años bajo la dirección de William H. Brown como ingeniero jefe. Por otra parte, el puente de hormigón armado –en su totalidad– más largo es el viaducto Tunkhannock (1905) construido para el ferrocarril Delaware-Lackawanna-Western en el nordeste de Pensilvania, compuesto por 10 vanos de doble arco de medio punto de 55 m con el tímpano relleno con 11 arcos más pequeños. Como en el caso de Rockville, era un componente mayor dentro de otro proyecto de mejora ferroviaria a comienzos del siglo xx, en este caso un enorme realineamiento. Abraham Burton Cohen fue el diseñador de línea de tren en lo concerniente a los puentes de hormigón armado.

El primer puente de hormigón armado que tuvo importancia en Reino Unido fue el Royal Tweed (1928), decorado con cuatro arcos dinámicos de tímpano abierto relleno con postes verticales, cuyas luces iban creciendo desde los 51 m hasta los 110 m, a medida que la calzada ascendía de abajo arriba por los terraplenes a cada lado del río.

LA CONTRIBUCIÓN SUECA

Suecia es otro de los países que han destacado en la construcción de elegantes y novedosos puentes de arco de hormigón armado con vanos extremadamente largos. El primero fue el puente Traneberg (1934), en Estocolmo, diseñado por los ingenieros Ernest Nilsson y S. Kasarnowsky con el asesoramiento de Eugène Freyssinet. Su vano, de 181 m, fue superado al poco tiempo, en 1942, por el viaducto del Esla en España, con una luz de 192 m, pero en ese mismo año el puente Sando, de S. Haggböm, con un arco de hormigón armado de 264 m, recuperó el título de arco más largo del mundo.

PUENTES MÓVILES Y TRANSBORDADORES

Dos tipologías de puente aparentemente modernas –el puente basculante y el transbordador– en realidad son casi los tipos de puente más antiguos que se conocen. El puente basculante o levadizo fue desarrollado por los europeos en la Edad Media, pero en el viejo continente hubo un resurgimiento de los puente móviles durante el siglo XIX. Los fiables motores eléctricos y las técnicas para equilibrar los gigantescos pesos de los puentes basculantes, los puentes tabla y los giratorios marcaron el comienzo de la construcción moderna de puentes móviles. Por lo general se encuentran en terrenos llanos, donde el coste para abordar cruces a nivel es prohibitivo, y sus características incluyen la rapidez para operar, la capacidad para variar la apertura según el tamaño de las naves y la facilidad de construcción en zonas congestionadas cerca de otros puentes.

La finalización del puente Tower, sobre el río Támesis en Londres (1894), el puente basculante que mejor se conoce del mundo (ver páginas 134-137), y del puente Van Buren Street, en Chicago, el primer puente de elevación vertical en Estados Unidos (patentado por William Scherzer), marcan el logro de la eficiente solución a problemas de mecanismos de elevación y cierre. En 1914, el ferrocarril Canadian Pacific completó el puente basculante de doble hoja más largo del mundo, con una luz de 102 m sobre el canal para barcos en Sault-Sainte-Marie, Michigan, reconstruido con vanos idénticos en 1941. El puente Saint Charles Airline Railway (1919), que cruza la 16th Street de Chicago, cuando fue terminado en 79 m era el puente basculante de una sola hoja más largo.

En 1927, el ferrocarril Atchison-Topeka-Santa Fe construyó el puente giratorio de un solo vano más largo del mundo, con 160 m, sobre el río Misisipi en Fort Madison, Iowa. Uno de los puentes móviles más inusuales e interesantes es el puente Lacey V. Murrow (1940), cuyo diseño se remonta a los pontones construidos por las legiones romanas. La profundidad y la anchura del lago hicieron que se descartase la construcción del tradicional puente de pilares sobre pilotes, en cantilever o colgante, y por eso los ingenieros del Estado de Washington diseñaron un puente flotante soportado por pontonas huecas de hormigón para conectar Seattle con la isla Mercer. En el mismo lago, igualmente único era el puente levadizo flotante y retráctil para los barcos que se dirigen al océano. Otros tres puentes de este tipo se terminaron sobre el canal Hood (1961) y en Evergreen Point (1963). Un puente paralelo al puente Murrow soporta el crecido tráfico de la autovía interestatal 90 hoy en día.

PUENTES TRANSBORDADORES

Un ejemplo comparable de un tipo inusual de puente móvil en Europa es el puente transbordador, en el que una plataforma suspendida de altas torres mediante cables y una superestructura es conducida sobre un armazón elevado. Este tipo de puente también retrocede en la historia e integra la tecnología antigua, como la del ferri de cuerda, con nuevas formas estructurales y nuevos materiales, como las vigas de hierro y los cables de acero, más resistentes.

El puente transbordador constituyó la solución original para salvar la desembocadura de un río o la entrada a un puerto y también sirvió como puerta monumental. Aunque fue patentado en Reino Unido y Estados Unidos a mediados del siglo XIX, el primer ejemplo significativo fue diseñado por el arquitecto e ingeniero vasco Alberto de Palacio y construido por el ingeniero francés Ferdinand Armodin en Portugalete (1893), España. Armodin también inventó el cable de acero retorcido, una innovación importante para este tipo de puentes. Los otros puentes de esta modalidad que aún existen se encuentran en Reino Unido, en Middlesbrough y Newport, y en Martrou, Francia.

Arriba: El nombre de Pegaso de este puente francés de 1935 proviene del emblema que llevaban las tropas británicas que tomaron el control del puente en 1944. Aquel puente basculante fue reemplazado por una estructura idéntica en 1994.

Arriba: Armado con madera pintada de blanco, el puente Magere Brug (1934) cruza el río Amstel, en el centro de Amsterdam. Su relativamente pequeña estructura ha inducido a los lugareños a llamarlo «el puente flacucho».

Arriba: El puente del Milenio (2000), de Norman Foster, fue el primero que se erigió sobre el Támesis después de la construcción del puente Tower (1894). Conduce desde la Catedral de San Pablo hasta la Galería Tate Modern.

Arriba: El puente inglés Gateshead Millennium ha sido galardonado por su innovador diseño en forma de párpado. Su estructura también armoniza cuidadosamente con la arquitectura circundante, incluido el puente Tyne (1928).

PARA CONCLUIR: LA CONSTRUCCIÓN DE PUENTES EN LOS SIGLOS XX Y XXI

Un repaso global a la construcción de puentes no puede considerarse completo si no se incluye un comentario acerca de los recientes puentes del siglo xx, que son una promesa de nuevos materiales y técnicas de diseño de cara al futuro, y sin unas palabras finales sobre el valor que tienen y el papel que juegan los puentes más antiguos como legado, y en lo que respecta a su conservación, al entrar en el siglo xxi.

ESTRUCTURAS CONOCIDAS Y DESCONOCIDAS

Cabe señalar que los puentes «desconocidos» son en muchos sentidos tan importantes como los ejemplos mostrados en este libro. En alguna ocasión se han perdido puentes que eran hitos, a causa de desastres naturales o de la mano del hombre, y en otros casos debido al abandono, tanto voluntario como involuntario.

Por ejemplo, en Estados Unidos, algunas organizaciones están luchando por salvar las omnipresentes armaduras de metal y los puentes de arco de hormigón construidos a finales del siglo xix y principios el xx. Estos puentes adornan el paisaje rural y urbano de Estados Unidos en pintorescas carreteras, caminos y vías urbanas. Además, está la cuestión de qué hacer con los puentes posteriores a la Segunda Guerra Mundial y con los de principios de la era interestatal. Los departamentos de carreteras desarrollaron puentes de viga de acero y puentes en cantilever, puentes de losas y de vigas compuestas de hormigón y de vigas de hormigón armado y pretensado para pasos elevados, vanos cortos y medianos, permitiendo la construcción de miles de puentes interestatales.

Cuando el puente I-35W de Minneapolis se cayó al río Misisipi en 2007, toda la industria de la ingeniería de puentes respondió. Se trataba de la peor catástrofe sufrida por un puente en Estados Unidos desde el desplome del río Silver, en 1967; y en concreto recordó a la comunidad de puentes históricos el hecho de que la primera era interestatal suponía la población de

Arriba: El Sundial (reloj de sol) puente atirantado de Santiago Calatrava sobre el río Sacramento en Redding, California. El mástil gigante del puente es también el reloj solar más grande del mundo.

Derecha: En agosto de 2007 se derrumbó una sección del puente I-35 W sobre el río Misisipi, cobrándose varias vidas. El puente fue construido en 1967 y en septiembre de 2008 se inauguró el nuevo puente que lo sustituyó.

puentes que corría más riesgo, más aún que los primeros puentes que habían sido el centro de inspecciones, conservación y estudios académicos.

En el siglo XXI se siguieron descubriendo puentes que no se conocían, principalmente en países desarrollados o en lugares del mundo que con anterioridad habían sido inaccesibles. Un ejemplo es China, donde recientemente se han descubierto puentes tejidos con maderos y puentes cubiertos en voladizo.

Incluso en países largamente industrializados, como Reino Unido, ocasionalmente se realizan descubrimientos. Un excelente ejemplo es el puente Cornwallis (c. 1803), uno de los primeros puentes en hierro fundido de ese país. Es uno de los ejemplos más tempranos, distinguido porque lo nervios de los arcos de hierro son huecos en lugar de macizos. El puente permaneció sin ser descubierto hasta 1996, escondido tras los juncos y la maleza del lago en las tierras de Culfor Hall, Suffolk, que pertenecen al segundo marqués de Cornwallis. Ha supuesto un hallazgo excepcionalmente importante porque el puente ha permanecido inalterado durante más de doscientos años.

PROFESIONALES Y AFICIONADOS

Estados Unidos, al igual que muchos otros países, se encuentra en un momento crítico en la salvación de puentes históricos. Los esfuerzos realizados durante los últimos treinta años están empezando a influir, poco a poco, en la consideración que se tiene de los puentes antiguos. Algunos departamentos de carreteras y empresas de ingeniería poseen los conocimientos y las habilidades para cuidar de estas estructuras, y varios departamentos de transporte estatales reconocen que éstos forman parte de sus responsabilidades en la planificación global de las carreteras.

Pero el fenómeno más grande desde mediados del siglo XIX es el aprecio del público general por los puentes históricos de todo el mundo. En los últimos años ha surgido una creciente cantidad de aficionados particulares que han creado sofisticadas páginas web con información y fotografías de puentes históricos, que vigilan el estado de los puentes supervivientes, y personas y grupos particulares que luchan por preservar los puentes históricos en sus comunidades.

HISTÓRICO FRENTE A CONTEMPORÁNEO

Nos encontramos en una nueva era de interés público por el impacto de las infraestructuras sobre el medio ambiente. Aunque el actual panorama medioambiental y económico no parece muy halagüeño, el potencial que las infraestructuras tienen para desarrollar formas arquitectónicas y urbanas aún sigue desarrollándose. Los puentes y su entorno tienen un orden espacial y funcional inherente que sirve como la mayor parte de los componentes del diseño, tanto arquitectónicos como ingenieriles, que establece una identidad y mantiene una relación tangible con la comunidad, la región o el país. Las infraestructuras pueden ser diseñadas con una claridad formal que exprese su importancia dentro de la seguridad, mientras que al mismo tiempo crea nuevos estratos de monumentos, espacios y conexiones urbanas. Además de defender la conservación de los puentes históricos, el actual diseño de puentes que ejemplifica el don creativo y artístico debería ser aplaudido y promovido.

PUENTES CONTEMPORÁNEOS

El puente del Alamillo de Sevilla, obra del ingeniero y arquitecto español Santiago Calatrava (1992, ver páginas 94-97), es solo un ejemplo entre muchos de las posibilidades con las que cuentan los ingenieros para acercarse al diseño de forma artística e ingeniosa. Los diseños de Calatrava no solo despliegan un personal estilo visual, sino también urbanístico, un modo de construir que imprime carácter en las obras públicas.

Otro ejemplo moderno de diseño de puentes lo constituye el puente de Normandía (1995). Una de las razones que motivó a los franceses a construir el puente atirantado más largo del mundo fue el orgullo patrio. El puente de Normandía había batido el récord ostentado por el puente noruego Skarnsundet, de 539 m, fijado en 1991. En el momento de escribir este libro, el récord del puente colgante atirantado más largo del mundo, que era ostentado por el puente Tatara (1999) en Hirosima, ha sido superado por el puente Sutong (2008), en Japón igualmente. Y será superado por otros.

Arriba: El puente del Alamillo, construido por Santiago Calatrava en Sevilla, España. El peso del único mástil de acero es suficiente como para soportar el piso sin necesidad de utilizar tirantes de contrapeso en el extremo opuesto de la estructura.

Arriba: El de Normandía, Francia, era el puente atirantado más largo del mundo; le arrebató el récord al puente Skamsundet, en Noruega, extendiéndose un total de un 42 por ciento más.

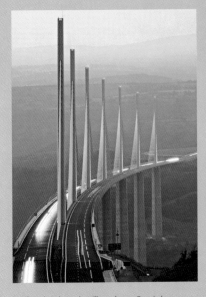

Factores críticos en el desarrollo de superestructuras como el puente del Alamillo, el de Normandía o el viaducto de Millau, son posibles gracias a los progresos en la tecnología de los materiales, como por ejemplo los avanzados compuestos de acero y hormigón, de gran resistencia. Los modernos hormigones se han vuelto más atractivos al añadirles sílice y otros compuestos hasta aumentar considerablemente su fortaleza. Cuando en la actualidad se diseñan los vanos principales en el umbral de los 2.000 m se tienen en cuenta muchos más factores que en el pasado. Entre tales factores se encuentran cargas vivas y muertas de magnitudes sin precedentes; fuertes restricciones medioambientales, incluidas corrientes marinas de 4,5 m/seg, vientos superiores a 8 m/seg y actividad tectónica. Por el momento, el coste de los nuevos materiales no resulta competitivo en relación con el hormigón y el acero convencionales, a menos que se tenga en cuenta todo el ciclo de vida de un puente.

Los constructores de puentes han perfeccionado las técnicas de diseño, construcción y fabricación hasta un punto en que el desafío de construir el puente colgante más largo del mundo podría cumplirse. Se han planeado puentes más largos y más intrépidos, como el puente de Mesina, que unirá Italia con Sicilia, y el del estrecho de Gibraltar, si bien éste no se llevará a cabo en un futuro próximo.

Arriba: El viaducto de Millau salva en Francia la enorme garganta del río Tam. Esta estructura atirantada es actualmente el puente para carretera más alto; uno de sus mástiles es tan alto como la torre Eiffel.

Derecha: La forma de abanico del puente Tatara ha sido comparada con la de un pájaro que extiende sus alas. Desde que fue terminado en 1999, ha sido superado por el puente Sutong (2008) en cuanto a ser el puente atirantado más largo del mundo.

EUROPA

Izquierda: Las escaleras del puente Rialto, en Venecia, suelen estar muy concurridas por los turistas y los compradores.

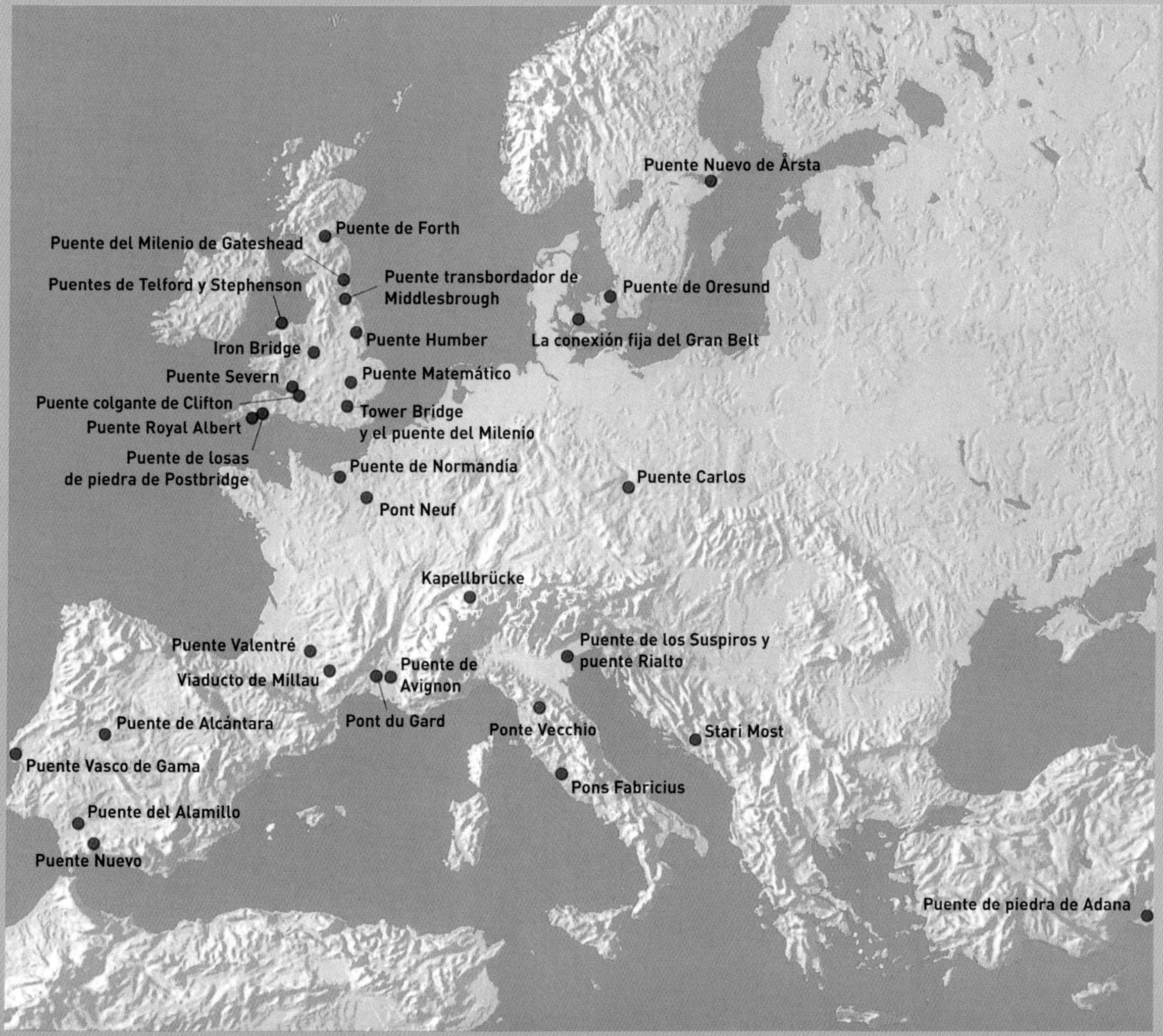

Puente Nuevo de Årsta

Puente de Forth

Puente del Milenio de Gateshead

Puente transbordador de Middlesbrough

Puente de Oresund

Puentes de Telford y Stephenson

Iron Bridge

Puente Humber

La conexión fija del Gran Belt

Puente Severn

Puente Matemático

Puente colgante de Clifton

Tower Bridge y el puente del Milenio

Puente Royal Albert

Puente de losas de piedra de Postbridge

Puente de Normandía

Puente Carlos

Pont Neuf

Kapellbrücke

Puente de los Suspiros y puente Rialto

Puente Valentré

Viaducto de Millau

Puente de Avignon

Pont du Gard

Puente de Alcántara

Ponte Vecchio

Stari Most

Puente Vasco de Gama

Pons Fabricius

Puente del Alamillo

Puente Nuevo

Puente de piedra de Adana

43

STARI MOST

MOSTAR / **BOSNIA-HERZEGOVINA**

Este puente, un destacado logro de los arquitectos turcos del siglo XVI, fue declarado Patrimonio de la Humanidad en 2004, a pesar de haber sido completamente reconstruido tras los daños que sufrió en la guerra de 1993. La UNESCO reconoció los esfuerzos de reconstrucción como un símbolo de paz y cooperación extraordinariamente significativo.

Nombre	Stari Most
Ubicación	Mostar
Cruza	Río Neretva
Tipo	Puente de arco de piedra
Función	Puente peatonal
Vano principal	27,3 m
Longitud	30 m
Altura	19 m
Inauguración	1566, reconstruido en 2004
Diseño	Mimar Hajruddin

EL PUENTE ORIGINAL

La ciudad de Mostar, en otro tiempo perteneciente al Imperio Otomano, era un importante nexo de unión entre el mar Adriático y el interior de Bosnia. En 1557, el sultán Soleimán el Magnífico encargó al arquitecto Mimar Hajruddin que reemplazase el puente de madera que salvaba la garganta con otro de piedra. El diseño era muy ingenioso pero de apariencia tan frágil que, según cuenta la leyenda, Hajruddin estaba preparado para morir el día que se inauguró, e incluso cavó su propia tumba, en previsión de que el puente se derrumbase y le ejecutasen por ello.

LA DESTRUCCIÓN

Flanqueado por dos torres defensivas, el esbelto vano de piedra caliza descansaba sobre cimientos fijos a cada lado de las paredes de la garganta. Sobrevivió en un buen estado de conservación hasta finales del siglo XX, formaba parte de muchos itinerarios turísticos e incluso soportó el peso de de los tanques que pasaron por él durante la Segunda Guerra Mundial.

Sin embargo, al estallar el conflicto en la antigua Yugoslavia a principios de los noventa, comenzó una guerra civil. En 1993, el ejército croata bombardeó el puente en un acto de destrucción para el que tenían una justificación militar. Pero esta acción fue condenada unánimemente como un acto de vandalismo cultural, un ataque al patrimonio otomano de Mostar y de su población multiétnica, donde hubo un tiempo en el que coexistieron croatas, bosnios musulmanes y serbios.

Derecha: Rodeado del misterio sobre su construcción, el original Stari Most se ha mantenido en pie sobre el río Neretva desde hace más de cuatrocientos años como un monumento a los antiguos gobernantes otomanos de Mostar.

COOPERACIÓN Y RECONSTRUCCIÓN

La conmoción internacional ante la pérdida de este puente histórico condujo tras la guerra a una acción de cooperación sin precedentes. Con un coste de más de trece millones de dólares, el puente y los edificios colindantes fueron reconstruidos, para lo cual se utilizaron en gran parte los métodos y materiales que emplearon los arquitectos turcos originales hace casi cuatrocientos cincuenta años. Los ingenieros de estructuras italianos hallaron la geometría de la curva del puente extremadamente compleja; más ancha y plana que la de un arco normal, representaba una forma de salvar una garganta alta sin necesidad de una pendiente empinada a cada lado de la carretera. Los buceadores rescataron del río las piedras caídas, y las partes perdidas o inutilizables fueron reemplazadas con piedra de la misma cantera que proporcionó la piedra para el primer puente. Muchos de los bloques fueron fijados utilizando la técnica original de refuerzos metálicos: barras y grapas introducidas en ranuras en la piedra y después rellenado de los agujeros con plomo fundido.

UN NUEVO SÍMBOLO

La ayuda internacional para el proyecto, procedente principalmente de Turquía, Italia, Países Bajos y Francia, fue administrada por el Banco Mundial con la asistencia técnica de la UNESCO. La reconstrucción fue vista como un símbolo de la paz restaurada y la armonía étnica, aunque las divisiones entre la población local persisten y pocos serbios han regresado a la zona.

UNA PRUEBA DE VALENTÍA

En la ceremonia de inauguración, en 2004, nueve jóvenes revivieron la tradición de Mostar de lanzarse desde el puente para poner a prueba su valentía con un peligroso salto a las gélidas aguas del río. Amir Pasic, que abanderó la restauración del puente, hizo hincapié en su importancia como un símbolo no religioso abierto a todo el mundo: «... no es ni una mezquita ni una iglesia, es algo para la gente en general». La UNESCO también ha reconocido este significado, junto con su valor como estructura histórica, e inscribió el «nuevo» puente en la lista de Patrimonio de la Humanidad en 2004 alegando que «...se ha reforzado y fortalecido el poderoso significado simbólico de la ciudad de Mostar, símbolo excepcional y universal de coexistencia entre comunidades de distinto origen cultural, étnico y religioso».

El Centro para la Paz y la Cooperación Multiétnica de Mostar fue inaugurado el mismo año que se concluyó la reconstrucción, con el objetivo de promover el desarrollo de las sociedades multiétnicas en la región de la antigua Yugoslavia. Este centro concede cada año un Premio internacional de la Paz a aquéllos que contribuyen con el acercamiento entre civilizaciones y culturas.

Arriba: Tras la reconstrucción del puente, se restableció la competición estival anual de salto de trampolín. Esta competición se celebra desde 1968, aunque los saltos desde el puente están documentados desde, por lo menos, el siglo XVII.

Derecha: Vista del viejo puente. Después de que los bombardeos lo destrozaran en la guerra de los noventa, el puente fue reconstruido utilizando la piedra original y las técnicas de construcción tradicionales.

PUENTE CASTELVECCHIO, VERONA

También conocido como puente Scaligero, este puente fortificado es otra víctima de la guerra del siglo XX. Cuando se construyó (hacia 1354-1356), contaba con el vano arqueado más largo de Europa, 48,7 m. Unido a la fortaleza Castelvécchio, habría proporcionado una vía de escape segura hacia el norte al gobernante tiránico Cangrande della Scala II, quien temía una rebelión popular. La leyenda dice que el diseñador, Guglielmo Bevilacqua, asistió a la ceremonia de inauguración a lomos de su caballo, listo para huir y salvar su vida si el puente se derrumbaba. Mientras los arcos del puente son de mármol, los parapetos almenados y las partes superiores son de ladrillo rojo, al igual que las torres de los extremos. El puente permaneció intacto hasta finales del siglo XVIII, cuando las tropas francesas destruyeron una de sus torres; y el conjunto de la estructura fue volado por las fuerzas nazis en retirada a finales de la Segunda Guerra Mundial, en 1945, junto con el Ponte Pietra, el puente romano que había en Verona. Por fortuna, fueron reconstruidos en la década de los cincuenta.

PUENTE DE CARLOS

PRAGA / **REPÚBLICA CHECA**

Este extraordinario ejemplo de ingeniería medieval fue, durante más de cuatrocientos años, la única conexión fija que cruzaba el ancho y rápido río Vltava (Moldava). Remodelado y reparado a lo largo de los siglos, abarca diferentes estilos, como los arcos de medio punto romanos, las puertas góticas y los embellecimientos barrocos. Todo ello con el magnífico telón de fondo del castillo dominando sobre la colina.

EL DESAFÍO DE PARLER

Ningún otro puente salva una extensión de agua como la que cruza el puente de Carlos, que conecta Malá Strana (el Barrio Pequeño) con Staré Mesto (la Ciudad Vieja) en la capital checa. La estructura presente reemplaza el puente de Judit, de 1172, que fue barrido por las inundaciones de 1342, y que había sido el segundo puente de piedra medieval en cuanto a tamaño del centro de Europa, después del puente Steinerne (1146) de 14 arcos, que todavía permanece en Regensburg, Alemania.

El emperador del Sacro Imperio Romano Germánico y rey de Bohemia, Carlos IV, encargó a su arquitecto real, el alemán de 27 años Peter Parler –entre sus trabajos también se encuentran la catedral de San Vito y el castillo de Praga–, que facilitara un digno sustituto a aquel puente perdido. El desafío de Parler fue construir otro puente que pudiese dar abasto con la pesada carga del tráfico y con la continua amenaza de las inundaciones. La primera piedra fue colocada en 1357, y los trabajos concluyeron 45 años más tarde.

Los 16 arcos están protegidos por pilares en forma de cuña diseñados para proteger contra el destructivo impacto del hielo en invierno. Según se cree, el mortero fue mezclado con yema de huevo como agente fortalecedor. Pero los elementos naturales han seguido creando gran confusión a lo largo de los siglos. En numerosas ocasiones el puente ha sufrido daños. Hubo más inundaciones en 1432 y 1496, y en 1890 la corriente arrastró tal cantidad de escombros que dos pilares se derrumbaron, el resto de los pilares quedaron dañados y el río se llevó dos estatuas. Sin embargo, sobrevivió a una devastadora inundación en agosto del año 2002, la peor que ha sufrido el país en cinco siglos.

CONSTRUCCIÓN Y RESTAURACIÓN

Hasta 1870 este puente era conocido sencillamente como el puente de piedra, o el puente de Praga. Inicialmente fue concebido como una estructura funcional que podía también utilizarse para los torneos de caballería, y durante muchos años su única decoración fue un crucifijo liso. Los adornos con un gusto religioso de estilo barroco llegaron más tarde: las famosas estatuas empezaron a instalarse en el siglo XVII.

Dos torres a ambos lados sirvieron de fortificación y de vigilancia. En el lado del Barrio Pequeño, un arco almenado conecta dos torres formando la entrada al puente, la más pequeña de las que formaron parte del puente original del siglo XII, el puente de Judith. En cambio, la torre más fotogénica, sin lugar a dudas, es la que está en el lado de la Ciudad Vieja. Es rica en detalles góticos y tiene esculturas de Carlos IV, de su hijo Wenceslao y de san Vito. En 1612 tuvo lugar una revuelta contra los Habsburgo, los rebeldes fueron ejecutados y las cabezas de doce de ellos fueron expuestas aquí. Esta torre sufrió serios daños al final de la guerra de los Treinta Años, en 1648, cuando los suecos ocuparon la orilla occidental y trataron de invadir la Ciudad Vieja. Durante este período el puente fue el escenario de duros combates.

UNA ERMITA EN EL PUENTE

A partir de 1683, se erigieron en las balaustradas del puente aproximadamente treinta estatuas barrocas de santos, algunas realizadas por destacados escultores bohemios, entre ellos, Matthias Braun y Maxmilian Brokoff. La estatua más famosa es la de san Juan Nepomuceno, un santo checo, mártir, al que ejecutaron durante el reinado de Wenceslao IV tirándolo al río desde el puente. Fueron los jesuitas quienes colocaron su imagen aquí; la orden religiosa emprendió una campaña para conseguir la canonización del santo, y a lo largo de los siglos innumerables personas han tocado la estatua para obtener buena suerte, hasta que le han sacado brillo. Desde 1965 existe un programa para reemplazar las estatuas del puente con réplicas y llevar los erosionados originales al Lapidarium del Museo Nacional.

UNA ATRACCIÓN TURÍSTICA

Hasta 1805 funcionó como puente de peaje, y durante las primeras décadas del siglo XX cruzaron por él los tranvías; pero, desde 1950, los 10 m de anchura del puente han sido liberados del tráfico. Hoy en día sigue figurando en casi todos los itinerarios turísticos; durante el día, bulle con los músicos y los artistas callejeros, y los puestos de recuerdos, mientras que por la tarde se convierte en lugar de reunión para ir a ver el castillo, iluminado de forma espectacular contra el cielo oscuro. La encantadora iluminación, que en su día fue de gas, se instaló en 1866.

Nombre	Puente de Carlos
Ubicación	Praga
Cruza	Río Moldava
Tipo	Puente de arco de piedra
Función	Puente peatonal
Longitud	515 m
Inauguración	1402
Diseño	Peter Parler

Izquierda: Cuatro puentes que cruzan el río Moldava (desde el primer plano hacia atrás): el puente Manesuv, el puente de Carlos, el puente Legii y el puente Jiraskuv. En el centro de Praga hay al menos otros cuatro puentes más.

Derecha: Durante siglos el puente de Carlos fue el único modo de cruzar el río Moldava. Salvando medio kilómetro sobre el río, el puente contribuyó a que la ciudad se estableciese como una ruta comercial entre el este y el oeste de Europa.

Nombre	Puente Este del Gran Belt
Ubicación	Entre Zelandia y el islote de Sprogø
Cruza	El estrecho Gran Belt
Tipo	Puente colgante
Función	Puente para carretera
Vano central	1.624 m
Longitud	6.790 m
Gálibo	65 m
Inauguración	1998
Diseño	Dissing y Weitling

Nombre	Puente Oeste del Gran Belt
Ubicación	Entre el islote de Sprogø y Knudshoved
Cruza	El estrecho Gran Belt
Tipo	De viga en forma de cajón
Función	Para carretera y ferrocarril
Longitud	6.611 m
Gálibo	18 m
Inauguración	1994
Diseño	Højgaard y Schultz

LA CONEXIÓN FIJA DEL GRAN BELT

ZELANDIA Y SPROGO / **DINAMARCA**

El estrecho conocido como Gran Belt, o Storebaelt, está unido por la Conexión Fija del Gran Belt, una ambiciosa ruta para coches y trenes entre las dos islas más grandes de Dinamarca. Al cabo de más de cincuenta años de planificación y debate, se convirtió en el proyecto de construcción más grande en la historia de Dinamarca.

UN PROYECTO TITÁNICO

El plan para construir la Conexión Fija del Gran Belt obtuvo el beneplácito finalmente en 1986, y dos años más tarde comenzaron las obras. Esta conexión fija, que permite sustituir un viaje en tren que duraba más de una hora con un cruce que puede hacerse en diez minutos, forma parte de un proyecto mayor que proporciona una ruta por tierra a través de la zona más poblada de Dinamarca. En su totalidad, los 18 km de la ruta consisten en dos secciones que enlazan Zelandia –la isla danesa más grande y donde se encuentra la capital, Copenhague– con Nyborg, en la isla Fionia, cuya localidad más grande es Odense. Las dos secciones se dan cita en el pequeño islote de Sprogo, en mitad del estrecho del Gran Belt. El propio Sprogo cuadruplicó su tamaño a través de la recuperación de tierras. A lo largo de la parte este, el tráfico rodado utiliza el Puente Este mientras que los trenes utilizan el Túnel Este. A su vez, el Puente Oeste combina el tráfico rodado y el ferroviario. Unos y otros han de pagar peaje.

LA CONEXIÓN ESTE

El nombre Gran Belt a menudo se utiliza para referirse únicamente al Puente Este, que cuenta con uno de los vanos centrales de puente colgante más largos del mundo: 1.624 m, y sus pilonos son las estructuras sólidas más altas de Dinamarca, con 254 m de altura. El viaducto de acceso va elevándose con suavidad sobre 13 arcos hasta que alcanza el piso principal con 65 m de gálibo, los metros necesarios para permitir el paso de los barcos pesados que transitan entre el mar Báltico y el mar del Norte. Una novedosa mejora respecto a los diseños anteriores de puentes colgantes es el hecho de que los cables reciben la tensión al estar fijados a dos bloques de anclaje submarinos, en lugar de a dos puntos en tierra firme. Para proporcionar un cimiento firme en el lecho marino arcilloso bajo más de diez metros de agua, se hundieron cajones de hormigón armado prefabricados hasta su posición para soportar las patas y las vigas cruzadas de los bloques de anclaje.

Los trenes transitan por los dos tubos del Túnel Este (Østtunnelen), de 8 km de longitud y 7,7 m de diámetro. Entre los dos túneles principales hay 31 túneles de conexión a intervalos regulares de 250 m, que sirven para guardar los equipos necesarios y como salidas de emergencia.

EL PUENTE OESTE

El Puente Oeste del Gran Belt (Vestbroen), realizado en hormigón prefabricado, es una construcción de viga de cajón de más de 6,6 km, que consta de dos puentes adyacentes con pisos separados por los que circulan el tráfico rodado y el ferroviario. Consiste en 63 secciones, soportadas por 62 pilares, y con parte de los cimientos hundidos bajo el agua. Las 324 gigantescas secciones prefabricadas de que consta fueron elevadas hasta su posición por «Svaven» («el cisne»), una grúa automática flotante que fue fabricada especialmente para la ocasión.

AHORRO DE TIEMPO

La apertura del puente triplicó el tráfico rodado en sus ochos primeros años de existencia, y el tiempo que se empleaba en el viaje en coche se redujo desde unos noventa minutos a menos de quince. Este hecho se debe en parte al incremento de la capacidad, en comparación con el ferri. El corto intervalo de tiempo que se emplea en hacer el viaje, en tren o en coche, entre la ciudad de Copenhague y Odense ha dado como resultado que los vuelos domésticos entre estos dos puntos hayan dejado de operar. Hoy en día es posible realizar un viaje en tren sin interrupciones desde la capital danesa hasta el interior del continente europeo e incluso llegar hasta Reino Unido.

Izquierda: La construcción más grande proyectada en la historia de Dinamarca, el Puente Este del Gran Belt, combina un puente de viga en forma de cajón con un puente colgante, que tiene el honor de ser el tercer vano central más largo del mundo con 1,6 km de largo.

PUENTE DE ORESUND

ESTRECHO DE ORESUND / DINAMARCA Y SUECIA

Ningún otro puente fronterizo posee una escala similar a esta estructura sinuosa, el puente de tráfico combinado más largo de Europa, que gira elegantemente en su camino desde la ciudad sueca de Malmø hasta descender a un túnel en la isla artificial y despoblada de Peberholm.

CONEXIÓN ENTRE CAPITALES

Este proyecto de cooperación entre Dinamarca y Suecia ha redibujado espectacularmente el mapa de la esquina sur de Escandinavia, y ha dado un enorme empuje a la región. El puente conecta las áreas metropolitanas de la región de Oresund, así como las ciudades de Copenhague, en Dinamarca, y Malmø, en Suecia. Empezando por la orilla sueca, el puente comprende 49 vanos de acceso de diseño uniforme con vanos de entre los 120 m y los 140 m y un vano central de 490 m con tirantes en forma de arpa. La estructura soporta dos líneas de tren por debajo de una carretera de cuatro carriles a través del estrecho de Oresund, para acabar

en la isla de Peberholm, creada con materiales dragados del lecho del mar durante la construcción de los pilares y del túnel Drogden, de 4 km de longitud. Desde aquí, la carretera y el ferrocarril descienden y discurren paralelos al mismo nivel a través del túnel hasta Zelandia, la isla danesa más grande. La proximidad del aeropuerto de Copenhague implicaba que en esta zona no se podía construir un puente. Cuando se completó el puente, en 1999, batió el récord con los tres pilonos exentos más altos —204 m— construidos para un puente. En realidad, el proceso de diseño tuvo que anticiparse a contrarrestar los efectos de la perspectiva causados por la gran altura; vista desde el nivel del piso del

Derecha: El puente fronterizo más largo del mundo, el de Oresund, es también el puente que combina carretera y tren más largo de Europa.

Nombre	Puente de Oresund
Ubicación	Suecia y Dinamarca
Cruza	El Estrecho de Oresund
Tipo	Puente atirantado
Función	Para carretera y ferroviario
Vano principal	490 m
Longitud	7,8 km
Gálibo	57 m
Inauguración	2000
Diseño	Georg Rotne

puente, podía parecer que la estructura perfectamente vertical estaba inclinada hacia el interior.

NUEVAS FORMAS DE TRABAJAR

A partir de la inauguración del puente y el túnel, muchos daneses se han mudado a Suecia, donde los precios de los inmuebles son más bajos, y todos los días se desplazan desde aquí. Mientras que muchos suecos, por su parte, han encontrado trabajo en Dinamarca y han salido beneficiados al obtener sueldos más altos y mejores oportunidades de trabajo. Entre las muchas empresas que se han reubicado en la zona se encuentra Daimler-Chrysler, que ha

Izquierda: Pocos puentes como éste unen dos naciones separadas por el mar. El elegante puente de Oresund se extiende a lo largo de 7,8 km por el estrecho de igual nombre y une Dinamarca y Suecia.

trasladado su centro de operaciones escandinavo a los nuevos barrios cercanos al puente. Por dicho puente pasan trenes de alta velocidad que pueden superar los 200 km/h, y se ha convertido en posible el viaje sin paradas desde Noruega hasta España o Grecia.

Por su parte, el nuevo islote de Peberholm ha florecido al convertirse en un paraíso natural, hogar de más de cuatrocientas cincuenta especies de plantas, así como del amenazado sapo verde, de algunas aves –como las raras avocetas y el charrancito– y de insectos y arañas poco comunes.

Malmø y Copenhague también han integrado sus sistemas de transporte, y se ha formado una nueva «red universitaria» en la región. El alcalde de Malmø, Ilmar Reepalau, afirmó: «gracias al puente físico, se han trazado puentes intelectuales».

CONEXIÓN ENTRE CONTINENTES: CRUZANDO EL BÓSFORO

Mientras que el puente de Oresund une dos países divididos por el mar, los dos puentes del Bósforo, en Estambul, conectan dos continentes, Europa y Asia, y están separados unos cinco kilómetros. Ambos son puentes de tráfico rodado diseñados por Freeman Fox y cía. El Primer Puente del Bósforo es un puente colgante anclado por la gravedad con pilonos de acero. Su piso cuelga de cables en zigzag y tiene un gálibo de 64 m por encima del agua. Cuando fue inaugurado en 1973 era la estructura más larga de este tipo fuera de los Estados Unidos, con un vano central de 1.074 m. El Segundo Puente del Bósforo, también conocido como el puente de Fatih Sultán Mehmet, es similar pero ligeramente más largo, con 1.090 m, y con el piso colgando de tradicionales cables verticales.

Debajo: Aproximadamente ciento ochenta mil coches cruzan el Bósforo entre los dos continentes cada día. Los peatones no pueden utilizarlo, pero cada año una maratón internacional se da cita en él.

PONT NEUF

PARÍS / **FRANCIA**

El Pont Neuf, cuyo nombre significa «puente nuevo», es todo lo contrario de lo que éste indica, ya que es el puente sobre el Sena más antiguo que se conserva en París. El puente más bonito de la ciudad ha sido apreciado por los parisinos desde su inauguración, hace más de cuatrocientos años, como un lugar donde hacer vida social.

UN PUENTE PARA EL PUEBLO

A mediados del siglo XVI, París solo tenía dos puentes, desvencijados y abarrotados de viandantes. Por consiguiente, el rey Enrique III ordenó la construcción de este puente de piedra espacioso y ancho (22 m) que cruza el río a través del extremo occidental de la isla de la Cité, en mitad del Sena, y en el corazón del París medieval. Era el primer puente de la capital francesa que se construía sin casas, y el primero equipado con aceras para los peatones, quienes podían darse cita, charlar y caminar por él en su tiempo libre sin sufrir la interrupción de los caballos y los carros. En 1578, Enrique III colocó la primera piedra, pero se interpuso la guerra y la estructura no llegó a completarse hasta casi treinta años más tarde.

En 1607, el Pont Neuf recibió su nombre de Enrique IV cuando éste lo inauguró oficialmente. Tras la muerte del rey se erigió en el centro del puente una estatua ecuestre del monarca. En el transcurso de la Revolución francesa la estatua fue retirada y fundida; pero el molde original sobrevivió, lo que permitió realizar una réplica exacta, en 1818, que fue colocada en su emplazamiento original.

CARACTERÍSTICAS PRINCIPALES

El puente se compone de dos partes a ambos lados de la isla de la Cité, de cinco y siete vanos respectivamente. Su construcción en arcos sigue el modelo romano, tal y como era habitual en la época en que fue construido.

A lo largo de 13 años se ha llevado a cabo un proyecto de restauración a gran escala, que finalizó en 2007, cuando cumplía cuatrocientos años; pero su estructura nunca ha sufrido alteraciones importantes. El puente todavía conserva los pilotes de madera originales que soportan los cimientos. Una placa en los escalones que llevan desde el puente hasta la isla de la Cité recuerda la ejecución de Jacques de Molay, el último Gran Maestro de los Caballeros Templarios, quemado vivo en una estaca en la isla el 18 de marzo de 1314.

FUENTE DE INSPIRACIÓN

El puente ha inspirado a muchos artistas. Claude Monet pintó una vista en 1872, con el vapor de un buque elevándose desde el Sena y la gente con paraguas bajo la lluvia. Otro impresionista, Camille Pissarro, utilizó el puente como motivo de varios de sus cuadros, probablemente pintados desde su apartamento en la isla de la Cité. A lo largo de los siglos, los anchos pasadizos bajo los arcos de los extremos, en las orillas del río, también han proporcionado cobijo a los vagabundos. El puente fue el telón de fondo para la película de 1991: *Los amantes del Pont Neuf*, que gira en torno al romance entre dos vagabundos que viven en y alrededor del puente mientras está cerrado para su restauración. El permiso para filmar que tenía el director Leos Carax expiró antes de que terminara la película, por lo que tuvo que acabarla con una réplica a tamaño natural del puente construida en un lago al sur de Francia, haciendo de ésta una de las películas francesas más caras jamás rodadas.

Izquierda: Durante muchos años el Pont Neuf, el puente más ancho de París, no ha sido alterado, y los pilotes de madera originales que soportan los cimientos todavía se encuentran en su sitio bajo de la superficie del Sena.

Derecha: Compuesto por 12 arcos separados a ambos lados de la isla de la Cité, los anchos arcos del Pont Neuf han sido a lo largo de los siglos un paraíso para los indigentes de París.

Nombre	Pont Neuf
Ubicación	París
Cruza	El río Sena
Tipo	Puente de arcos de piedra
Función	Para carretera y peatonal
Longitud de los vanos	De 9 a 16,4 m
Longitud	232 m
Inauguración	1607

VIADUCTO DE MILLAU

MILLAU / **FRANCIA**

El viaducto de Millau salva la inmensa garganta del río Tarn entre dos elevadas plataformas de piedra caliza, o *causses*, circunvalando la ciudad de Millau y resolviendo con elegancia un cuello de botella de la red de carreteras de Francia funestamente célebre. Su apertura en 2004 permitió por fin completar la A75 como la autopista continua que divide Francia en dos mitades de norte a sur, entre París y Barcelona.

EL PUENTE PARA CARRETERA MÁS ALTO

A pesar de su emplazamiento en el delicado entorno del Parque Natural Regional de Grands Causses, este puente, diseñado por Norman Foster y Michel Virlogeux, ha sido aplaudido ampliamente por su belleza, y se ha convertido en una atracción turística de pleno derecho y en un símbolo de la región.

En la actualidad, esta estructura atirantada con mástiles es el puente de carretera más alto del mundo, con un mástil que alcanza los 343 m, más alto incluso que la estructura icónica más conocida de Francia, la torre Eiffel. El piso del puente —la carretera atirantada más larga del mundo, con 2.460 m de longitud— está suspendido a 270 m por encima del río Tarn en su punto más alto y traza una suave curva en un radio de 20 km. Siete pilares de hormigón soportan los ocho vanos del puente; los seis vanos centrales miden 342 m cada uno, y los dos vanos de los extremos, 204 m.

ASENTADO EN LAS NUBES

Para permitir que el piso se expanda y contraiga con los cambios de temperatura, cada columna está dividida en dos columnas más estrechas y más flexibles en la parte inferior. Esto confiere una silueta notablemente esbelta, que minimiza el impacto visual en el paisaje. En su inauguración, el arquitecto Norman Foster

Izquierda: Este viaducto salva el valle del río Tarn, cerca de la ciudad de Millau. Cada uno de los pilonos está sujeto por fustes de 5 m de circunferencia, clavados hasta una profundidad de 15 m.

VIADUCTO DE MILLAU

dijo que había pretendido diseñar el puente para que tuviese la «delicadeza de una mariposa... los pilares tenían que parecer casi orgánicos, como si hubiesen brotado de la tierra». Cuando en el valle Tarn se forma la característica bruma de la mañana, da la sensación de que el puente se asienta sobre las nubes.

UN DELICADO MONTAJE

En octubre de 2001, tras diez años planificando cómo superar los desafíos de los fuertes vientos y la compleja geología de la zona, empezó a construirse este proyecto anglo-francés. La obra costó 394 millones de euros, financiados por una empresa privada de construcción, la francesa Eiffage, de la que forma parte la empresa original que construyó la torre Eiffel. A cambio, la empresa tiene la prerrogativa de cobrar el peaje del puente durante 75 años. A lo largo del delicado proceso de montaje, las secciones del piso fueron elevadas ligeramente y deslizadas desde los pilonos sobre unos pilonos temporales mediante cilindros hidráulicos guiados vía satélite a una velocidad de 15 cm por minuto. Después, los mástiles fueron transportados sobre las nuevas secciones del piso y

colocados sobre los pilonos, antes de que fuesen retirados los pilonos temporales.

TRÁFICO DE VEHÍCULOS

El primer vehículo que cruzó el puente tras su inauguración en diciembre de 2004 fue el del presidente Jacques Chirac. El límite de velocidad de 130 km/h se redujo pronto a 110 km/h, para permitir a los automovilistas que reduzcan la velocidad de sus vehículos a fin de poder tomar fotografías mientras lo cruzan.

Antes de que se terminase de construir el puente, los vehículos tenían que cruzar el río Tarn por un puente en Millau, en la parte honda del valle, un punto de congestión que provocaba enormes atascos, retrasos y contaminación durante la temporada de vacaciones, entre julio y agosto. Ahora, según la información de que se dispone, gracias al nuevo puente, Millau disfruta de un auge económico del que se benefician dos zonas industriales: La Cavalerie, al sur, y Sévérac-le-Château, al norte. Mientras tanto, los turistas con destino al sur de Francia y España pueden seguir, durante 340 km, una ruta directa y libre de peaje (aparte del peaje propio del puente) a través del Macizo Central francés.

Nombre	Viaducto de Millau
Ubicación	Millau, Francia
Cruza	El valle del río Tarn
Tipo	Puente atirantado
Función	Puente para carretera
Vano más largo	342 m
Longitud	2.460 m
Gálibo	270 m
Inauguración	2004
Diseño	Norman Foster y Michel Virlogeux

Derecha: El viaducto de Millau es el puente para carretera más alto del mundo y, en consecuencia, a menudo parece asentarse sobre las nubes; es más, sus admiradores lo han etiquetado como la autopista de las nubes.

EL PUENTE MÁS ALTO DEL MUNDO

El puente más alto del mundo en la actualidad es el Royal Gorge, una pasarela colgante a 321 m por encima del río Arkansas, cerca de Cañon City, Colorado. Se construyó como atracción turística en 1929 y no fue diseñado para ser utilizado por los medios de transporte. Otra atracción de altos vuelos cercana es un balcón de cristal en forma de herradura, el Skywalk del Gran Cañón. A 1.200 m del suelo del cañón, su posición supera la de muchos rascacielos, aunque técnicamente no es un puente.

Probablemente el récord del viaducto de Millau como el puente para vehículos con el piso más alto del mundo le sea pronto arrebatado por el puente Chenab, en el ferrocarril de Cachemira, al norte de la India, a 359 m por encima del río. El ferrocarril, de 290 km, integrado en la red india, pasa a través de las faldas de las montañas del Himalaya y está siendo construido de tal forma que pueda soportar terremotos y vientos extremos. Se podrá recorrer su suave pendiente del uno por ciento a través de túneles inmensos, de 11 km de largo, y puentes, con solo una quinta parte de la ruta sobre el nivel del suelo original. Su finalización está prevista para 2010.

Arriba: El puente Royal Gorge fue construido como mera atracción turística, y no para uso de coches ni trenes (la vía del tren corre a lo largo de la base de la garganta). A 321 m sobre el río Arkansas, es el puente más alto del mundo.

PUENTE DE NORMANDÍA

NORMANDÍA / **FRANCIA**

La esbeltez del puente de Normandía llama la atención del público francés y despierta un nuevo interés nacional por la construcción innovadora de puentes. Su diseñador, Michel Virlogeux, pasó a colaborar con Foster and Partners en el Viaducto de Millau.

PUENTE DE NORMANDÍA

RÉCORD DE PUENTE ATIRANTADO

En el momento de su conclusión, en 1995, el de Normandía era el puente atirantado más largo del mundo, arrebatándole el puesto al puente Skarnsundet, de Noruega, e incrementándolo un 42 por ciento más. Este tipo de diseño era la mejor solución tecnológica y económica para el problema de construir un puente que permitiese el paso de barcos pesados en una gran zona que se caracteriza por la inestabilidad de los sedimentos fluviales –y por tanto, sin puntos naturales de anclaje– y por los fuertes vientos. El puente alivia el tráfico del puente Tancarville (1959), cerca de Le Havre, y proporciona acceso a y desde el oeste de Francia. La carretera de cuatro carriles se eleva considerablemente para cruzar a 52 m sobre el nivel de la marea alta en un único vano, y los pilonos en forma de Y invertida son tal altos y espaciados que la curvatura de la Tierra hace que su parte alta esté 2 cm más separada que su base.

EL USO DE AMORTIGUADORES

La sección central del piso del vano principal está hecha de acero para aligerar y fortalecer el puente. Esto supuso un reto durante la construcción, ya que sus dos mitades fueron botadas desde los pilonos de cada lado y por un momento colgaron sin soporte, vulnerables a las ráfagas de viento. Anclarlas a la orilla con cables habría obstaculizado la navegación, así que se incluyeron 50 toneladas de contrapeso en cada piso, capaces de moverse en todas direcciones amortiguando cualquier vibración. Estos «sintonizados amortiguadores de masa» tuvieron éxito, aunque experimental por el momento. El perfil del piso de tipo aerodinámico fue testado ampliamente en túneles de viento para comprobar su estabilidad. Cada cable atirantado está diseñado de forma que puede ser retirado sin interferir en el fluir del tráfico; y, para prevenir que los cables choquen entre sí, se añadieron cables cruzados, conocidos como cables de amortiguación, para reducir y contrarrestar cualquier movimiento.

CUESTIÓN DE ESTÉTICA

La construcción del puente duró siete años y atrajo una creciente atención. En 2005, el diseñador Michel Virlogeux recordó en una entrevista para la revista *The New Civil Engineer* (El nuevo ingeniero civil) que hubo poco interés durante la planificación del puente, pero que cuando la estructura se levantó «de repente todo el mundo tenía algo que decir al respecto». Virlogeux, ingeniero de formación, cree que la estética debería ser tan importante en el proceso de diseñar un puente como lo era en los siglos XVIII y XIX. Le desagrada la excesiva dependencia de los cálculos informatizados, y cree que éstos ahogan la creatividad, llegando a complejas soluciones tan fáciles de calcular como elegantemente simples.

Arriba: La calzada comienza su viaje a través del Sena. El diseño atirantado fue elegido porque era más barato y también por ser más resistente a los fuertes vientos que un puente colgante.

Página de la derecha: En el momento de su construcción, el vano principal, de 856 m, era el más largo del mundo. Pero el récord ha sido batido después por el puente Tatara (1999, ver página 188) y el puente Sutong (2008), ambos en Japón.

PUENTES ATIRANTADOS EN AMÉRICA DEL SUR

Los diseños de puentes atirantados de acero y hormigón tienen una marcada apariencia moderna y se utilizan a menudo porque, en comparación con los puentes colgantes, son relativamente más ligeros y menos costosos de construir. El arquitecto Michel Virlogeux clasifica el puente General Rafael Urdaneta (también conocido como el puente del Lago Maracaibo), en Venezuela, inaugurado en 1962, como el puente casi más grande del mundo, junto con el Golden Gate, el puente Forth y el de Brooklyn. Consta de cinco vanos principales, cada uno de ellos de 253 m de longitud, y seis torres, de 92 m de altura, que se han convertido en un símbolo del orgullo nacional venezolano. Cada noche se ilumina con luces de colores cambiantes, según el proyecto de iluminación arquitectónica más vasto de América del Sur. El puente cruza la parte más estrecha del lago Maracaibo, uno de los lagos más antiguos del mundo, ahorrándoles a los viajeros un viaje en ferri que suele durar dos horas.

En la vecina Colombia, el viaducto César Gaviria Trujillo, inaugurado en 1997, une las ciudades de Pereira y Dosquebradas, salvando el profundo valle del río con un viaducto de 440 m con un vano central de 211 m y dos pilonos en forma de diamante alargado. El viaducto reduce la congestión del tráfico en las dos ciudades y ha tenido una repercusión significativa en la economía local al reducir el tiempo empleado en el viaje. Fue construido dentro de un proyecto conjunto entre brasileños y alemanes, con asistencia francesa y portuguesa.

Arriba: La versión de Riccardo Morandi del puente General Rafael Urdaneta fue el único diseño de hormigón propuesto inicialmente en el concurso de diseño para construir la estructura.

Nombre	Puente de Normandía
Ubicación	Normandía, Francia
Cruza	El río Sena
Tipo	Puente atirantado
Función	Puente para carretera
Luz	856 m
Longitud	2.141 m
Altura	215 m
Gálibo	52 m
Inauguración	1995
Diseño	Michel Virlogeux

PONT DU GARD

VERS-PONT-DU-GARD CERCA DE REMOULINS / **FRANCIA**

El Pont du Gard, el acueducto más célebre que ha permanecido casi intacto desde que fuera construido por los romanos hace casi dos mil años, combina la estética de la arquitectura clásica con una gran destreza en ingeniería y construcción de puentes.

LA CIVILIZADA VIDA ROMANA

Fue el mayor logro de un ambicioso acueducto ideado para haber sido terminado hacia el año 60 de nuestra era, un plan de suministro de agua conducida a lo largo de unos cincuenta kilómetros desde una fuente en el río Eure, en Uzès, hasta la torre del agua *(castellum)* de la ciudad de Nimes, una de las urbes más grandes de la Galia y colonia romana desde el año 40 d. C.

Una vez realizado, el acueducto suministraba 20.000 m³ de agua al día, proporcionando a Nimes todas las comodidades y lujos que aseguraba una vida romana civilizada, después de que el manantial de la ciudad ya no pudiese dar el suministro adecuado. El agua corría bajo tierra a lo largo de casi todo el acueducto, a través de un canal de 1,2 m de ancho, que tenía una altura media de 1,8 m, y a lo largo de todo el recorrido la caída era de 71 m (lo que equivale a una inclinación de 34 centímetros por kilómetro). El área intermedia de matorrales y bosque bajo debió de obligar a realizar un estudio minucioso y laborioso para asegurarse de que la gravedad hacía su labor con efectividad. Se aplicó una capa de cal y agua a las piedras del canal para mantener a raya a los parásitos y la vegetación.

TRES PISOS

La solución para salvar las empinadas laderas del valle del río Gardon fue construir tres pisos para hacer llegar el canal de agua a lo largo del piso superior, a 47 m sobre el río. Amplios arcos y tajamares en los pies permitían al acueducto aguantar las crecidas del río. El mortero solo se utilizó en el piso superior, y grandes losas precintaban el canal. La luz de los arcos inferiores y medios va desde los 15,75 m a los 21,5 m.

Los veintiún mil metros cúbicos de piedra de color miel que se ha calculado que tenía el acueducto, provenían de las

Derecha: El acueducto transportaba abundante agua desde una fuente del río Eure a Nimes, lo que la consolidaba firmemente como una de las ciudades más importantes de la Galia.

cercanías, en su mayor parte de una cantera situada a 600 m río arriba. En el segundo piso, numerosas piedras sobresalen de la estructura. Son los restos cincelados de los bloques que se utilizaron para soportar las máquinas de elevación durante la construcción. Cuenta con 6 arcos en el piso inferior y 11 arcos en el intermedio. El piso superior presenta ahora 35 arcos, pero en su día contaba con 47; 12 de ellos fueron eliminados en la época medieval. En 1743 el puente fue adaptado y llegó a soportar una carretera en lo alto de su primer piso, que era el doble de ancho que el resto. Desde entonces, la estructura ha sido restaurada en varias ocasiones.

Izquierda: El acueducto todavía muestra las cicatrices de su construcción, sobresalen los soportes del andamiaje y las cuñas en los pilares formando las últimas huellas de los armazones de madera.

PATRIMONIO DE LA HUMANIDAD

El Pont du Gard se convirtió en Patrimonio de la Humanidad en 1985, y la orilla izquierda alberga un centro de información y una sala de exposiciones que han sido cuidadosamente diseñados y situados de tal forma que no resten valor a este lugar histórico. La exposición muestra cómo se utilizaba el agua para enriquecer el estilo de vida civilizado de los romanos: los ricos propietarios tenían su propio suministro a través de cañerías, se construyeron baños públicos, las fuentes embellecían las zonas públicas y el agua impulsaba la industria. También hace referencia a los retos geológicos que se superaron durante la construcción del acueducto.

Los arcos son inusualmente anchos para un edificio romano: la proporción entre los pilares y el vano, normalmente de 1:3, aquí se acerca a 1:5. No se cuenta con ninguna documentación acerca de los constructores e ingenieros que construyeron el Pont du Gard. La única inscripción de la estructura está en un pilar del piso inferior: «mens totum corium», e indica únicamente que el acueducto había sido medido. Ya no se permite al público entrar en el Pont du Gard, pero es posible caminar sobre el puente que corre en paralelo a la misma altura del piso inferior de arcos.

Nombre:	Pont du Gard
Ubicación	Vers-Pont-du-Gard
Tipo	Puente de piedra
Altura	47,4 m
Longitud total	(piso superior) 257 m
Luz máxima	24,4 m
Acabado	c. 60 d. C.

EL ACUEDUCTO DE SEGOVIA Y OTROS ACUEDUCTOS ROMANOS

En el centro de España se construyó otro gran acueducto romano para transportar agua a lo largo de 15 km desde la sierra de Guadarrama hasta la ciudad de Segovia. En casi toda su longitud, el acueducto de Segovia consiste en canales subterráneos, pero su sección final obligaba a salvar el valle con una enorme estructura arqueada. Era la oportunidad para que la ciudad creara una gran manifestación arquitectónica que diera testimonio de su prosperidad. Con 800 m, es más largo que el Pont du Gard, e incluye una doble hilera de arcos muy esbelta que alcanza los 36 m de altura y cuyos pilares, en su base, miden 2,4 m de lado a lado. La construcción lucía una inscripción en letras de bronce sujetas con clavos de plomo, que fueron arrancadas en época medieval por alguien que apreció el valor del metal. Los orificios de los clavos permiten descifrar la inscripción, que contaba que la obra fue realizada bajo el emperador Trajano en el año 98 d. C. Sin embargo, se cree que la estructura original se levantó durante el reinado de Domiciano (81-96 d. C.), cuyo nombre fue eliminado de los monumentos después de que fuera asesinado. También se cree que un nicho que hay sobre la inscripción, y que hoy en día contiene una figura de la Virgen, en su día albergó una estatua del maltrecho emperador.

En la antigua Roma existieron 11 acueductos que abastecían a una ciudad que superaba el millón de habitantes: más de un metro cúbico de agua por persona cada día, y también proporcionaban grandes cantidades para las casas de baño. Los acueductos fueron construidos entre el año 312 a. C. y el 226 d. C. El primero fue el Aqua Appia, y el más largo el Anio Novus, de 95 km. El agua corría por los canales a lo largo de casi toda la longitud de los acueductos en una suave pendiente de 1:200 o menos, describiendo una curva de nivel y obligando a la construcción de arcos a soportar los conductos para las secciones finales hasta la ciudad; varias de estas secciones arqueadas siguen existiendo hoy en día. El agua pasaba desde los canales a enormes cisternas, y después seguía a lo largo de tuberías de plomo. La mayor parte de la población se aprovisionaba de agua en las fuentes públicas, pero algunos ciudadanos privilegiados podían permitirse el lujo de que las tuberías llegasen hasta sus casas.

En las arenosas playas del Mediterráneo, cerca de Cesarea, en Israel, se ha encontrado otra importante estructura con arcos, un acueducto romano. El acueducto recorre 9 km desde el manantial en la falda del Monte Carmelo hasta la ciudad. Se desconoce la fecha de construcción, pero en una inscripción consta que fue llevada a cabo durante el reinado de Adriano (117-138 d. C.). Sin embargo, ahora se cree que este dato hace referencia al momento en el que se añadió el segundo canal. Cesarea fue fundada por Herodes el Grande en el año 22 a. C., y esta vasta obra ediliacia fue descrita con detalle por Josefo, pero no mencionó el acueducto.

Izquierda: El acueducto llevaba el agua a Segovia desde el manantial de la Fuenfría, situado en la sierra cercana, a unos diecisiete kilómetros de La Acebeda.

PUENTE DE AVIGNON

AVIGNON / **FRANCIA**

También conocido como el puente de Saint-Bénézet, el puente de Avignon fue casi el primer gran puente de piedra de comienzos de la Edad Media, cuando el occidente europeo estaba redescubriendo cómo construir en piedra a una escala que no se había vuelto a ver desde la época romana. Sus restos incompletos, con sus esbeltos arcos elípticos, son testigos de una hazaña tan impresionante que parece responder a la inspiración divina.

UN RÍO TURBULENTO

El Ródano siempre ha sido conocido por su corriente turbulenta y, desde los tiempos de los romanos, los barcos que lo han cruzado han supuesto un arriesgado modo de transporte. La construcción de un puente en Avignon, en el siglo XII, proporcionó un cruce relativamente seguro, el primero en los 270 km que hay entre Lyon y el Mediterráneo. Con la apertura del puente, la fortuna de Avignon se incrementó gracias al pago de peaje y a que se convirtió en centro comercial, hasta el punto de que, en 1309, el papa francés Clemente V trasladó su sede desde Roma hasta aquí (la localidad siguió siendo la sede papal hasta 1377). Muchos de los cardenales al servicio del papa construyeron sus residencias al otro lado del puente para escapar de la contaminación de la ciudad, y tuvieron que utilizar el puente para cruzar hasta el palacio papal.

LA LEYENDA DE SAN BÉNÉZET

Al parecer, la inspiración del puente vino de un joven llamado Bénézet, que de algún modo consiguió que los ricos mecenas financiaran su proyecto. El joven murió en 1184, justo después de que se terminase de construir el puente, y fue sepultado en una

Derecha: Uno de los puentes más simbólicos de Francia, el puente de Avignon, no se utiliza para cruzar el río desde el año 1668, cuando una inundación lo dañó considerablemente.

capillita en el propio puente. Poco después, surgió la leyenda de san Bénézet –que se cree que fue ampliamente difundida por los monjes para ayudar a conseguir el dinero de los fieles de los campos vecinos–. Cuenta que Bénézet («pequeño Benedicto»), un joven pastor de constitución menuda, escuchó una voz que le encargaba construir un puente sobre el Ródano en Avignon. Un ángel lo guió hasta la ciudad, donde fue recibido con desdén, pero él impresionó a los ciudadanos levantando una enorme y pesada piedra y llevándola hasta el río. Convencidos de que era voluntad de Dios, los lugareños se juntaron para ayudar a construir el puente.

El mantenimiento del puente resultó costoso. En gran parte quedó destrozado durante un asedio en 1226, y fue reconstruido hacia 1350. En los siglos posteriores sus condiciones se deterioraron: algunos arcos se derrumbaron tras las riadas de 1603 y 1605. La población restableció una combinación en barco hasta una isla en medio del río y unas desvencijadas escaleras y vanos de madera cruzando los huecos.

¿POR ENCIMA O POR DEBAJO?

Aún hoy se asocia el puente a los versos de una canción francesa que se enseña a los escolares, festejando a los danzantes folclóricos que describen círculos sobre *(sur)* el puente:

> Sur le pont d'Avignon
> L'on y danse, l'on y danse
> Sur le pont d'Avignon
> L'on y danse tous en rond

La letra resulta curiosa, ya que el puente es sin lugar a dudas demasiado estrecho para bailar en círculos sobre él. La explicación está en las palabras originales de la canción, del siglo XVI, que empezaba con *sus* (en francés actual, *sous) le pont*, es decir, bajo el puente. Probablemente la gente bailaba debajo del puente cuando éste cruzaba una isla, famoso lugar de esparcimiento. La versión más moderna se popularizó gracias a dos operetas francesas de 1853 y 1876, que utilizaban la formulación cambiada que lleva a equívocos.

LAS HERMANDADES DE LOS PUENTES

En los siglos XII y XIII se fundaron en Europa asociaciones religiosas conocidas como *Fratres Pontifeces*, hermandades constructoras de puentes, que alzaron estructuras por toda Francia. Asistir a los viajeros, y en particular a los peregrinos, se consideraba un deber religioso, y ayudar a construir un puente era un modo muy visible de cumplirlo. Las hermandades no eran únicamente órdenes monásticas, en ellas también se integraban nobles, que proporcionaban la mayor parte del dinero, artesanos, que trabajaban en la construcción, y mujeres. Los ricos mecenas de san Bénézet debieron de formar el núcleo de la Hermandad del puente de Avignon, aunque se conocen pocos detalles. Su decisión estaría movida tanto por la astucia comercial como por la religiosidad, ya que el puente proporcionaba a la ciudad el peaje en el único cruce fijo del Ródano al sur de Lyon, y facilitaba una ruta de peregrinaje desde el norte y el centro de Europa hasta Santiago de Compostela. En este sentido, debió de representar un trato financiero mejor que fundar una de las grandes catedrales que se estaban construyendo por entonces. Junto a la construcción del puente, estas hermandades proporcionaban alojamiento a los peregrinos y cuantiosos fondos para los indigentes.

Derecha: Después de que Arles perdiera su puente romano, el puente de Avignon se convirtió en el único puente que cruzaba el Ródano entre Lyon y el Mediterráneo; el comercio resultante vio cómo Avignon florecía en el siglo XIV.

Nombre	Puente de Avignon
Ubicación	Avignon
Cruza	El río Ródano
Tipo	Puente de arcos de piedra
Función	Para carretera y peatonal
Vanos	22 arcos que van desde los 30,8 m a los 33,5 m
Longitud	En origen: 920 m
Acabado	1185

REGENSBURG, EL PUENTE DE PIEDRA

Construido entre 1135 y 1146, el puente de piedra de Regensburg es otra de las primeras construcciones medievales europeas asociadas con una comunidad religiosa. Los caballeros germánicos ligados a las cruzadas para liberar Tierra Santa lo utilizaban para cruzar el Danubio, y también proporcionaba una ruta comercial hacia lugares tan alejados como París, Venecia y Nóvgorod, en Rusia. Este puente de Regensburg, que en cuanto a longitud solo es un tercio del de Avignon y tiene 14 arcos con una luz de entre los 10,5 m y los 16,7 m, fue durante ochocientos años el único puente de la ciudad sobre el Danubio. Sus pilares se asientan sobre islas artificiales, tan juntas que crean fortísimos rápidos cuando el agua pasa entre los arcos.

PUENTE VALENTRÉ

CAHORS / FRANCIA

Este puente, caracterizado por sus tres torres y que a muchos les resulta familiar debido a una serie de etiquetas de vino de Cahors, es el puente fortificado que mejor se conserva de la época medieval en Francia. En su época de mayor apogeo estuvo plagado de dispositivos defensivos muy avanzados.

PUENTE VALENTRÉ

UNA ESTRUCTURA FORTIFICADA

Cuando fue construido, el puente Valentré debió de estar en una posición aislada, algo alejado de la antigua ciudad y vigilando su entrada occidental a través del río Lot. Los pilares de los seis arcos están construidos sobre la roca sólida y tienen grandes tajamares, que ayudan a proteger a los propios pilares, prolongándose aguas arriba: las paredes de los pilares suben derechas hasta los parapetos almenados, dando a la estructura una apariencia recia y vertical. El puente tiene tres torres cuadradas, una a cada extremo y otra como puesto de vigía en el centro. Además, existieron otras entradas fortificadas en cada orilla. Aunque la primera piedra se puso oficialmente en 1308, no se sabe a ciencia cierta cuándo se terminó el puente. Fue utilizado desde más o menos 1350, si bien parece ser que los trabajos finales continuaron hasta 1378.

Nombre	Puente Valentré
Ubicación	Cahors
Cruza	El río Lot
Tipo	Puente de arcos de piedra fortificado
Función	Para carretera y peatonal
Vano principal	Seis arcos de 16,5 m
Longitud	138 m
Gálibo	8,7 m
Altura	40 m
Terminado	1378

INMUNE A LOS ATAQUES

Al primer piso de cada torre se accedía mediante unas escaleras externas, y unas escaleras internas de madera conducían a los dos pisos superiores. Las torres de los extremos estaban dotadas con puentes levadizos y pesadas puertas, estrechas saeteras, para disparar flechas desde el primer y segundo piso, y matacanes (parapetos de protección con agujeros en el suelo para lanzar proyectiles sobre los atacantes de abajo) y troneras cubiertas para disparar a larga distancia en el tercer piso. Considerando que también había muros y fortificaciones frente a las torres, y que la antigua ciudad de Cahors estaba rodeada casi por todos lados por un meandro del río, atacarla resultaría una tremenda empresa.

EL TRABAJO DEL DEMONIO

A diferencia del puente de Avignon, relacionado con san Bénézet (ver página 72), una leyenda en relación con el puente de Cahors da por supuesto que es obra del demonio. El desconocido arquitecto, luchando con la tarea de construir el puente, hizo un pacto con Satanás. A cambio de su alma, Satanás le ayudaría a terminar el puente y obedecería todas sus órdenes. Cuando el puente estaba casi terminado, dándose cuenta de que su alma estaba en peligro, el arquitecto ordenó al demonio que llevase agua en una criba; frustrado por la imposibilidad del encargo, el demonio prometió vengarse. Se cuenta

que el cantero nunca pudo completar la parte alta de la torre central. Cada mañana, cuando llegaban para empezar a trabajar, se encontraban con que durante la noche había sido quitada una piedra.

Para recordar la leyenda, Paul Goût, el arquitecto que llevó a cabo la restauración entre 1867 y 1879, colocó una pequeña talla de un demonio en la torre central, en el lugar de la piedra que faltaba.

Arriba y a la derecha: Según una leyenda local, el demonio colaboró en la construcción del puente Valentré, leyenda que se recordó en los trabajos de restauración del siglo XIX al incluir una talla del demonio intentando infructuosamente eliminar una piedra angular del puente.

PUENTES FORTIFICADOS

A menudo, una de las entradas principales a una localidad o ciudad medieval era un puente, que conectaba con una puerta en las murallas y formaba parte fundamental de su sistema defensivo. Durante el período dorado europeo de la construcción de castillos en los siglos XIII y XIV, muchos puentes con gran importancia estratégica, junto a los castillos, las puertas y las murallas de la ciudad, fueron construidos o fortificados con dispositivos defensivos de apariencia imponente, tales como saeteras, matacanes (ver arriba) y parapetos almenados. Junto al puente Valentré, los ejemplos que mejor se conservan son el puente de Tournai (Bélgica), el de Orthez (en el suroeste de Francia), el de Alcántara (Toledo, España) y el de Verona (Italia).

El puente Monnow, en Monmouth, en la frontera entre Gales e Inglaterra, es el único puente fortificado sobre un río que se conserva en Reino Unido con una caseta de vigilancia. Este puente de piedra fue construido hacia 1270, en el lugar de un puente de madera anterior, de hacia 1180, algunos de cuyos maderos fueron encontrados durante un programa de prevención de inundaciones, en 1989, y fueron datados analizando los anillos del árbol. La caseta de vigilancia no era un elemento original, sino que fue añadida como una de las mejoras de la defensa de la ciudad que se empezaron a realizar hacia 1300. Al igual que la mayor parte de los edificios de piedra medievales, probablemente fue revocado y encalado. En el siglo XVIII, la caseta de vigilancia se convirtió en una vivienda –puesto que ya no se necesitaba su función defensiva–, los parapetos almenados fueron convertidos en sólidas paredes y el tejado se elevó.

Arriba : El puente Monnow se encuentra en la confluencia de los ríos Wye y Monnow, en Monmouthshire. Junto al puente Valentré, es uno de los más famosos puentes fortificados medievales de Europa.

PONS FABRICIUS

ROMA / **ITALIA**

El Pons Fabricius, el puente más antiguo de Roma todavía en uso, recibió el nombre del supervisor y responsable de la red de calzadas que había en la ciudad cuando se construyó el puente. También se conoce como puente Quattro Capi, por la figura de cuatro cabezas que hoy en día se encuentra en su extremo oriental.

UN CRUCE ROMANO

Existe documentación acerca de ocho puentes antiguos romanos construidos sobre el Tíber: de los seis que permanecen, éste y el puente Sant'Angelo conservan la mayoría de las características sustancialmente romanas. El Pons Fabricius fue un puente público que conectaba el teatro Marcelo con la isla del Tíber, que en época de los romanos era frecuentada por aquéllos que buscaban cura para una serie de dolencias en el templo de Asclepio. Fue el primer puente hasta la isla y el acceso que proporcionaba parece ser que estuvo relacionado con un aumento de la popularidad del culto en este templo. Los enfermos eran tratados en la isla y, un siglo después, había muchos ancianos y esclavos enfermos abandonados allí, presumiblemente al cuidado del personal del templo. Una vez que estuvo terminado el puente, Lucius Cestius, un antiguo gobernador de Roma, empezó las obras de otro puente, el Pons Cestius, que conectaba el lado más lejano de la isla con la orilla. Fue terminado en el año 36 a. C. Los dignatarios romanos a menudo patrocinaban obras públicas de este tipo, junto con entretenimientos como los juegos del circo y los combates de gladiadores, a fin de aumentar su popularidad entre los ciudadanos y ganar prestigio frente a sus rivales.

HISTORIAS DE CONSTRUCCIÓN

El historiador romano Dio Cassius dejó constancia de que el Pons Fabricius fue construido en el año 62 a. C. para reemplazar un puente de madera del año 192 a. C., que fue destruido por el fuego. Construido originariamente con toba peperino, una piedra porosa, y recubierta principalmente con travertino –una piedra caliza local–, este sustituto tiene 5,5 m de anchura, dos vanos particularmente largos –tratándose de un puente de tal antigüedad–, un pequeño arco central para proporcionar un canal extra a las crecidas, y dos arcos pequeños (ahora tapados) en los cimientos. En 1679, el papa Inocencio XI reemplazó los parapetos. Según la leyenda, el pilar con cuatro caras del lado oriental representa a los cuatro arquitectos contratados por el papa Sixto V para restaurar el puente a finales del siglo XVI, que fueron decapitados por discutir constantemente los unos con los otros.

El puente fue recubierto de nuevo con ladrillo y su piso y sus parapetos fueron reemplazados, pero por lo demás la estructura romana continúa básicamente intacta, y la toba original puede verse en los puntos en los que los ladrillos se han perdido.

INSCRIPCIONES

Aparece colocada en cuatro lados del puente la inscripción: L. FABRICIUS. C. F. CVR. VIAR FACIVNDVM COERVIT IDEMQVE PROBAVIT; explica que Lucio Fabricio, el *curator viarum*, responsable de la red de calzadas de Roma, supervisó la construcción de la estructura y dio el visto bueno a las obras. Esta declaración se hizo para dar luz verde a los contratistas que tenían que mantenerse fieles al riguroso principio según el cual las obras debían tener una garantía de cuarenta años: tan solo al cumplirse el año cuarenta y uno se devolvería el depósito inicial que se había pagado como fianza.

Otra inscripción en el puente se refiere a las mejoras realizadas en el año 21 a. C. por los cónsules Marcus Lullius y Quintus Aemilius Lepidus, seguramente para restaurar los daños ocasionados por una riada de dos años antes. Las obras que se emprendieron en el siglo XVII por orden del papa Inocencio XI también están registradas en una inscripción.

Derecha: En tanto que el puente propiamente dicho es romano, los pilares de mármol del parapeto, que representan al dios de dos caras, Jano, son más recientes y fueron traídos hasta aquí desde la iglesia de San Gregorio, en el siglo XIV.

Nombre	Pons Fabricius
Ubicación	Roma
Cruza	El río Tíber
Tipo	Puente de arco de piedra
Función	Puente para carretera (ahora, solo peatonal)
Vanos	Dos vanos de 24,5 m
Longitud	62 m
Inauguración	62 a. C.

PUENTE DE LOS SUSPIROS

VENECIA / ITALIA

El puente de los Suspiros, un pasadizo entre el Palacio Ducal, una de las residencias de los dirigentes de Venecia, y la infame prisión de San Marcos, ha evocado tanta compasión romántica como admiración artística, y ha prestado su nombre a imitaciones en todo del mundo.

Nombre	Puente de los Suspiros
Ubicación	Venecia, Italia
Cruza	El *Rio di Palazzo*
Tipo	Puente cerrado de arco de piedra
Función	Conectar edificios
Vano	11 m
Inauguración	1603
Diseño	Antonio Contino

ESTILOS DIFERENTES

Antonio Contino diseñó un puente cerrado que fue construido en piedra caliza blanca entre los años 1600 y 1603. Este puente concilia los distintos estilos arquitectónicos de la prisión (de finales del siglo XVI) y del palacio (un siglo anterior) con un llamativo vano alto sobre el canal, y ha ganado fama gracias a las asociaciones establecidas por el arte y la poesía del siglo XIX.

Lord Byron fue el primero en hacer llegar el puente de los Suspiros a un público más amplio con su extenso poema narrativo *Childe Harold* –publicado con enorme éxito entre 1812 y 1818–, recurriendo a la idea de las víctimas inocentes de la Inquisición que furtivamente vislumbraban por última vez Venecia desde el puente, antes de ser enviados a la tortura y la muerte. El cuadro del puente que pintó Turner fue estupendamente exhibido en 1840 junto a las palabras de Byron: «Estuve en Venecia en el puente de los Suspiros / Un palacio y una prisión en cada mano».

Aunque el puente conecta efectivamente lo que fueron las salas de interrogatorio en el palacio principal con la prisión, en el momento de su construcción los tiempos de los peores excesos de la Inquisición ya habían pasado, y el puente era utilizado simplemente para trasladar a los delincuentes comunes desde la prisión a la sala de juicios sin que fuesen vistos por el público. En los bloques de celdas, al otro lado del puente, estrechos pasillos y empinadas escaleras unían los laberintos de celdas, muchas de ellas con su número y aforo pintado sobre la puerta.

FUENTE DE INSPIRACIÓN

En los siglos XVIII y XIX, cuando se esperaba que los jóvenes pudientes visitaran Venecia en el «Grand Tour», la arquitectura distintiva de la ciudad alcanzó enorme fama entre la clase culta. Así pues, no sorprende que este puente inspirase construcciones similares en los *colleges* de Oxford y Cambridge. Otros puentes relacionados con historias lastimosas tomaron también este nombre, aunque no tenían la misma apariencia: el viejo puente Waterloo de Londres fue el escenario del poema que Thomas Hood escribió en 1844, *The bridge of sigth* («El puente de los suspiros»), en el que describía el cuerpo ahogado de una joven que se había suicidado. Una versión peruana del puente de los Suspiros es un puente abierto de madera que se halla en la zona de Barranco, Lima, bordeada por grandes casas, donde se dice que una joven a la que se había prohibido ver a su amado de origen humilde esperó pacientemente desde su ventana.

Derecha: A pesar de su oscuro pasado, el puente de los Suspiros se ha convertido en lugar de peregrinaje para los enamorados. La leyenda veneciana cuenta que si los amantes se besan en una góndola bajo el puente mientras el sol se pone, su amor será eterno.

PUENTES PARECIDOS AL VENECIANO EN REINO UNIDO

En 1827, Henry Hutchinson diseñó en Cambridge el también llamado puente de los Suspiros, en el St. John's College. En 1886, en Pittsburgh, Pensilvania, el arquitecto de Boston H.H. Richardson conectó los juzgados de Allegheny con la prisión mediante un puente de los suspiros de granito, el único similar al original en apariencia y función. Éste combina el corredor cerrado característico del puente veneciano con el perfil más inclinado del puente Rialto. El puente de los Suspiros de Oxford (1913) conecta dos partes del Heltford College y fue diseñado por *sir* Thomas Jackson.

Izquierda: El puente de los Suspiros de Oxford nunca pretendió ser una réplica de su tocayo y en realidad guarda mayor parecido con el puente Rialto de Venecia.

PUENTE RIALTO

VENECIA / **ITALIA**

En contraste con los lúgubres misterios del puente de los Suspiros, el puente Rialto es un ajetreado y muy apreciado punto de referencia de la ciudad de Venecia. No obstante, los dos están relacionados: el diseñador del puente Rialto fue también el responsable de la prisión de San Marcos, y era tío del arquitecto del puente de los Suspiros.

EL CRUCE MÁS ANTIGUO

Una vez asentado el corazón comercial de Venecia, y probablemente la parte más antigua de la laguna, un pontón de barcas unía las dos orillas en Rialto en el siglo XII. El puente más antiguo sobre el Gran Canal, el Rialto, reemplazó un puente de madera de 1250 que en varias ocasiones había sufrido incendios y se había derrumbado. El *dux* de Venecia no convocó un concurso para la creación de un nuevo diseño hasta el siglo XVI, que ganó Antonio da Ponte frente a algunos de los más famosos arquitectos del momento, entre ellos Andrea Palladio y Vincenzo Scamozzi. Su diseño de un único ojo seguía la forma del puente de madera, con anchas rampas escalonadas que conducían hasta un pórtico central. Scamozzi advirtió de que el puente sería un desastre, aunque algunos alegan que esto se debía a que Da Ponte había copiado uno de sus diseños. El hecho es que la estructura ha demostrado ser tan firme como para resistir la fuerza de un cañonazo que fue lanzado contra sus escaleras para dispersar a unos alborotadores en 1797.

UN PUENTE COMERCIAL

Su construcción se inició en 1588 y duró solo tres años. La enorme superestructura aún se soporta sobre los cerca de doce mil pilotes de madera que fueron hincados en el suave limo del suelo en aquella época. El puente Rialto continuó siendo el único modo de cruzar el Gran Canal a pie hasta que se construyó el puente de la Academia, ya en 1854. El pasillo del pórtico está flanqueado por pequeñas tiendas que actualmente se dedican a vender productos turísticos a los visitantes, mientras que los otros dos pasillos corren a lo largo de las balaustradas. Los cimientos, que se extienden por debajo del puente a cada lado, reciben los nombres de sus funciones originales como muelles de descarga: el del lado de San Marco es el Riva del Ferro, llamado así porque en su día el hierro se descargaba ahí; mientras que el Riva del Vin, al otro lado, recuerda los cientos de barriles de vino que en su día se desembarcaban en este punto.

UN SITIO TURÍSTICO

El puente cosechó un éxito inmediato entre los venecianos, y fue descrito por Jan Morris en su libro *The World of Venice* (El mundo de Venecia) como «uno de los pocos monumentos venecianos que posee la calidad de la genialidad». Algunos observadores han señalado su torpe y pesada cima, pero como icono de la ciudad es muy apreciado, y constituye un lugar muy popular al que dirigirse para disfrutar de sus vistas al atardecer.

Arriba y a la derecha: Cuando se inauguró por primera vez el puente Rialto, con sus rampas inclinadas soportando hileras de tiendas que conducen hasta un pórtico central decorado, se creyó que era demasiado osado y alguno predijo su ruina.

Nombre	Puente Rialto
Ubicación	Venecia, Italia
Cruza	El Gran Canal
Tipo	De arco de piedra cubierto
Función	Puente peatonal
Vano	28,8 m
Longitud	48 m
Gálibo	7,32 m
Construido	1588-1591
Diseño	Antonio da Ponte

PONTE VECCHIO

FLORENCIA / **ITALIA**

Es la imagen más famosa de Florencia, con sus tiendas
multicolores colgantes y sus postigos verdes, el Ponte Vecchio
ha sobrevivido durante siglos a guerras e inundaciones, y a la
omnipotente familia Medici, que tuvo una gran influencia en su
destino.

PONTE VECCHIO

LOS COMIENZOS DE SU HISTORIA

El Ponte Vecchio (el puente viejo) cruza el punto más estrecho del río Arno a su paso por el centro histórico de Florencia. Los documentos sobre un puente en este lugar se remontan al año 996, pero se cree que en época de los romanos existía un puente de madera soportado por pilares de piedra, en el curso de la Via Cassia (la calzada romana que sale de Roma por el noroeste) que cruzaba por este punto. El predecesor del actual puente, de cinco arcos, fue destruido por una inundación en 1333. Doce años más tarde se levantó esta estructura más ancha de tres arcos. Las tiendas, en un principio, eran alquiladas por las autoridades de la ciudad, pero más tarde fueron vendidas y modificadas por sus propietarios. Las trastiendas o *retrobotteghe* fueron añadidas en el siglo XVII.

DE CARNICERÍAS A JOYERÍAS

Los primeros comerciantes del puente eran herreros, carniceros y curtidores, que servían a los numerosos soldados que

Arriba: Compradores echando un vistazo a través de los *madielle*, los pequeños escaparates con contraventanas de cristal de las joyerías que flanquean el interior del Ponte Vecchio de Florencia.

pasaban por aquí. Hacia 1442 un monopolio de carniceros se hizo dueño del escenario. Pero a Fernando I de Medici, Gran Duque de Toscana y décimo miembro de la familia que gobernaba en aquel momento, no le gustaba la desagradable fetidez que producían y, en 1593, desalojó a los carniceros, reemplazándolos por joyeros y orfebres. Desde entonces han permanecido ahí, sumándoseles recientemente tiendas de arte y de recuerdos. En el puente hay un busto del orfebre renacentista florentino más famoso, Benvenuto Cellini (1500-1571), que también fue pintor y escultor.

Se cree que el término «bancarrota» se originó aquí. Los comerciantes vendías sus mercancías desde mesas colocadas frente a los locales; a aquel que no podía pagar sus deudas los soldados le rompían el banco, así se les atribuye la palabra *bancorotto*, bancarrota. Con el banco roto, ya no se les permitía comerciar.

UN GALERÍA PRIVADA

Los Medici disfrutaron ciertamente de una vista privilegiada del puente. Un pasillo cubierto especial, construido por el pintor y arquitecto Vasari en 1565 bajo las órdenes de Cosme I y conocido como el Corredor de Vasari, recorre por encima las tiendas del puente desde la galería de los Uffizi hasta el palacio Pitti de los Medici. Una disimulada puerta conduce desde los Uffizi hasta este lugar secreto, que se abre solo previa cita y, por tanto, es visitado por pocos turistas. Luego corre sobre la columnata y el puente, por encima de las coronillas de los turistas, pasa ante una ventana especialmente construida que efectivamente forma una galería privada en lo alto de la iglesia de

Santa Felicità, y acaba en la Gruta de Bountalenti, con sus estalactitas y conchas incrustadas. El Corredor sirve hoy en día como almacén de cientos de autorretratos de varios artistas, mientras que las ventanas más grandes fueron añadidas por los nazis de forma que coincidiera con la visita de Hitler a Florencia en tiempos de guerra.

ESCAPAR DEL DESASTRE

En el siglo XX el puente ha conseguido escapar del desastre por muy poco en dos ocasiones. Fue indultado cuando los nazis se retiraron de Florencia, el 4 de agosto de 1944. Hitler dio órdenes de volar todos los puentes excepto esta estructura medieval única, que no obstante resultaba inaccesible por la destrucción de los edificios en los accesos. En noviembre de 1966 el puente resistió a la terrible inundación que se produjo tras 40 días de lluvias (medio metro solo creció en los dos días anteriores al desbordamiento). Buena parte de sus tiendas, junto con muchas otras de la ciudad, quedaron devastadas. De no ser por un vigilante nocturno que llamó a los propietarios a sus casas y los alertó de la crecida del río, algunos orfebres pudieron haber perdido todas sus mercancías.

Nombre	Ponte Vecchio (Puente Viejo)
Ubicación	Florencia, Italia
Cruza	El río Arno
Tipo	Puente de arco de piedra
Función	Puente para carretera
Vano principal	30 m
Longitud de los vanos laterales	27 m
Ancho del piso	32 m

EL KRÄMERBRÜCKE (PUENTE DE LOS COMERCIANTES), ERFURT

En uno de los centros de ciudad medieval mejor conservados de Alemania, este puente de piedra de seis arcos sobre el río Gera es el único puente europeo al norte de los Alpes todo él construido con edificios de viviendas. Cualquiera que pasee por su calle adoquinada y no esté familiarizado con la ciudad puede incluso no darse cuenta de que es un puente, ya que los altos edificios son continuos a ambos lados. Al igual que el Ponte Vecchio, tiene una larga historia como lugar de comercio: durante muchos años los comerciantes llevaron a cabo sus intercambios en puestos de madera sobre este puente, y sobre sus predecesores. La actual estructura data de 1325, y fue reforzada tras un incendio en 1472 que se desarrolló a lo largo de sus 120 m de largo con tiendas y viviendas. El Ägidienkirche, que surgió como una capilla para un puente anterior y más tarde fue reconstruido, es el único superviviente de las dos iglesias medievales que había a los extremos del puente.

Derecha: Treinta y dos viviendas parcialmente de madera cubren el largo Krämerbrüke sin dejar un solo hueco. Su nombre podría traducirse como «puente de los comerciantes». Esta estructura ha sido utilizada por los comerciantes desde el siglo XII.

Derecha: Junto a las joyerías y *boutiques*, algunas personas viven realmente en los edificios del puente, en apartamentos que proporcionan buenas vistas de Florencia y el río Arno.

PUENTE VASCO DE GAMA

LISBOA / **PORTUGAL**

Terminado a tiempo para la Exposición Internacional de 1998, que celebraba el quinto centenario del descubrimiento de Vasco de Gama, la ruta marítima hasta la India, este inmenso proyecto se vio como un símbolo de la modernización de Portugal en el cambio de milenio.

DISEÑO Y FINALIDAD

El Tajo a su paso por Lisboa tiene unos dos kilómetros de ancho y, antes de la apertura del Puente 25 de abril (1966, ver página 92) el cruce fijo más cercano estaba a unos treinta y dos kilómetros al norte de la ciudad, un puente para carretera construido en la década de 1930. Desde 1998, el puente Vasco de Gama ha hecho posible que el tráfico circunvale por completo la capital portuguesa, mitigando así la presión sobre el otro puente más viejo y proporcionando una conexión entre las autopistas radiales, antes inconexas, desde Lisboa. El proyecto fue financiado por Lusoponte, un consorcio formado por empresas portuguesas, francesas y británicas, con la ayuda de los fondos de cohesión de la Unión Europea.

A cambio se ha concedido a Lusoponte el derecho a recaudar el importe del peaje de los puentes para carreteras de Lisboa durante 40 años.

LA LUCHA CONTRA LAS FUERZAS DE LA NATURALEZA

El puente fue diseñado para resistir vientos de 250 km/h y terremotos cuatro veces más fuertes que el que devastó Lisboa en 1755, que se calcula fue de 8,7 en la escala Richter. Los pilares del puente, de 2,2 m de diámetro, alcanzan los 95 m por debajo del nivel del mar. El puente es tan largo que el diseño tuvo que tener en cuenta la curvatura del planeta, ya que de lo contrario se habría producido una desviación en altura de 80 cm entre un extremo y otro.

Izquierda: Durante los tres años que duró su preparación y construcción, hasta 3.300 personas trabajaron simultáneamente en el puente Vasco de Gama.

LA PROTECCIÓN DEL ÁREA LOCAL

En respuesta a las preocupaciones medioambientales, el viaducto sur se extendió tierra adentro para preservar el hábitat de las aves de marisma de las salinas de Samouco que hay debajo, y a lo largo de todo el puente las farolas están inclinadas hacia dentro para prevenir que la luz se proyecte en el río. Unas trescientas familias de la zona fueron realojadas para abrir camino a la construcción.

UN TRABAJO DE CONSTRUCCIÓN MUY PESADO

La construcción del puente se dividió en siete secciones, dirigidas de forma independiente: las carreteras de acceso en cada extremo, los viaductos norte, sur y central, el viaducto de acceso a la Expo '98 y el puente principal en sí mismo.

El puente principal consiste en un piso central atirantado de 420 m de luz y dos laterales de 203 m cada uno, con un gálibo de 47 m para permitir el paso de los barcos hacia el canal norte del Tajo. Los dos grandes pilonos en forma de H con las *piernas* abiertas que hay a cada extremo están diseñados para sobrevivir al impacto de un barco de más de treinta mil toneladas que navegue a una velocidad de 12 nudos.

El viaducto central recorre más de seis kilómetros, la mayor parte a 14 m sobre el agua, si bien se eleva hasta los 30 m sobre los dos canales navegables para permitir el paso de los barcos de mediano calado. Consiste en 80 secciones prefabricadas de 78 m de largo que fueron manufacturadas cerca, en una gigantesca planta de prefundido en Seixal, a 22 km río abajo. La planta fabricaba una viga cada dos días, que después eran transportadas hasta el puente en una gigantesca grúa flotante a la que llamaban Rambiz.

Nombre	Puente Vasco de Gama
Ubicación	Lisboa, Portugal
Cruza	El río Tajo
Tipo	Puente atirantado
Función	Puente de carretera (6 carriles)
Longitud total	17.185 m
Vano más largo	420 m
Gálibo	47 m
Altura pilonos	155 m
Diseño	Armando Rito

Derecha: Los pilares de los cimientos –de 2,2 m de diámetro– del puente Vasco de Gama se hunden hasta 95 m por debajo del nivel medio del mar.

EL OTRO GRAN PUENTE DE LISBOA, EL PUENTE 25 DE ABRIL

A menudo comparado con el Golden Gate de San Francisco, este monumento histórico de Lisboa tiene en efecto sus equivalentes en Estados Unidos. Se parece aún más al San Francisco-Oakland Bay Bridge, y ambos fueron construidos para resistir el mismo tipo de amenaza de terremoto a la que se enfrentan ambas ciudades.

Cuando fue terminado en 1966, con un coste de 32 millones de dólares americanos, era el puente colgante más grande fuera de los Estados Unidos, con la armadura continua más larga y los cimientos más profundos –unos 80 metros por debajo del lecho del río– que los de ningún otro puente en el mundo. Entonces conocido como el puente Salazar, por el primer ministro y dictador portugués, fue renombrado como Puente 25 de Abril para conmemorar la Revolución de los Claveles, que en 1974 derrocó al sucesor de Salazar.

El puente mide 2.277 m de largo, con un vano principal de poco más de un kilómetro. En un principio fue inaugurado como un puente de carretera con cuatro carriles con una barrera central, pero esta mediana fue eliminada en 1990 para alojar un quinto carril.

En 1998, la American Bridge Company fue llamada para «retro-encajar» vías de tren en la plataforma inferior: los materiales fueron transportados en barco y colocados en su sitio desde abajo para evitar cortar el tráfico. Las obras incluyeron llevar a cabo por primera vez en la historia la operación de hilado aéreo para conectar al puente tirantes principales adicionales, mientras permanecía plenamente cargado y operativo. De hecho, el puente fue diseñado desde el principio para alojar un piso inferior para el tren, pero este plan se abortó en el momento de su construcción.

A pesar de la apertura de esta conexión ferroviaria y del puente Vasco de Gama, los niveles de tráfico han permanecido cerca de la capacidad máxima del puente, por lo que el gobierno portugués ha anunciado la intención de buscar propuestas para construir un tercer puente sobre el Tajo, para carretera y ferroviario, a unos treinta kilómetros río arriba desde Lisboa.

Debajo: En cuanto a su diseño, el Puente 25 de Abril está más estrechamente relacionado con San Francisco-Oakland Bay Bridge (ver páginas 236-237) y con el puente Forth de Escocia. Cuando se completó, era el quinto puente colgante más grande del mundo.

PUENTE DEL ALAMILLO

SEVILLA / **ESPAÑA**

Como puente insignia para la Exposición Universal de Sevilla, la Expo '92, el gran mástil inclinado de este revolucionario diseño parece indicar el camino hacia el futuro. Desde entonces, el arquitecto, escultor e ingeniero español Santiago Calatrava, uno de los diseñadores de puentes más influyentes del momento, ha recibido encargos para realizar sus personales puentes por todo el mundo.

UNA ESTRUCTURA ANTOLÓGICA

La innovación fundamental del puente del Alamillo era su llamativa asimetría, debida a su único mástil, o pilono, inclinado, de acero relleno de hormigón, cuyo peso es suficiente para soportar el peso del piso sin necesidad de tirantes en el lado opuesto. Si bien es menos eficiente –en términos de estructura– que un diseño simétrico, su contribución a la arquitectura es espectacular. Los 13 pares de tirantes forman un único plano que soporta una viga que hay debajo de la mitad de la carretera, lo que sugiere la imagen de un arpa. En un principio se pretendía que el puente formara parte de una pareja de puentes que iba a haber a cada lado de la isla donde se celebró la Expo, con un viaducto que los conectase; sus mástiles se inclinarían el uno hacia el otro sugiriendo la imagen de un triángulo gigante en el aire, visible desde el centro histórico de Sevilla. Según Calatrava, las autoridades sevillanas «querían tener algo simbólico que pudiese permanecer en la memoria de los visitantes... como un gesto de brazos abiertos». Sin embargo, debido al diseño y al coste, el segundo puente nunca se construyó.

Derecha: Para la Expo '92 se construyeron cuatro puentes hasta la isla de la Cartuja, pero solo el puente del Alamillo se convertiría en un símbolo de la moderna Sevilla.

PUENTE DEL ALAMILLO

Nombre	Puente del Alamillo
Ubicación	Sevilla, España
Cruza	El río Guadalquivir
Tipo	Puente en cantilever de mástil atirantado
Función	Puente para carretera y peatonal
Vano	200 m
Longitud	250 m
Altura (mástil)	142 m
Inauguración	1992
Diseño	Santiago Calatrava

SANTIAGO CALATRAVA

Santiago Calatrava, nacido en 1951 y formado como artista, ingeniero civil y arquitecto, funde en sus obras estos tres elementos. Ganador de numerosos concursos y premios de diseño, sus asombrosos diseños de puentes y de otras estructuras –por lo general de blanco brillante– se han convertido en una característica central del proyecto de desarrollo y regeneración urbana de alto nivel alrededor del cambio de milenio.

OTROS ENCARGOS EN ESPAÑA

Otro importante encargo español para Santiago Calatrava fue el puente peatonal Campo de Volantin, también conocido como el Zubizuri («puente blanco» en euskera), con un arco inclinado de acero pintado de blanco y un piso en gran parte de cristal translúcido. Inaugurado en 1997, proporciona una ruta a pie para los visitantes desde el barrio de los hoteles hasta el museo Guggenheim de Bilbao. Aunque muy admirado, el puente también ha sido criticado por ser poco práctico: las baldosas de cristal del puente se vuelven resbaladizas con la lluvia y cambiarlas resultaría muy caro, y no conecta bien con otros destinos a los que se quiera ir paseando. En 2007, Calatrava demandó sin éxito a las autoridades por romper la integridad de su estructura al cortar parte de la misma para poner una nueva pasarela.

Izquierda: El puente del Alamillo, con su icónico brazo levantado que soporta el peso del puente y que destaca sobre la ciudad de Sevilla, ha sido comparado con un cisne, con el mástil de un barco y con un arpa.

LA OBRA DE SANTIAGO CALATRAVA

Santiago Calatrava es responsable de varios proyectos de puentes muy alabados alrededor del mundo. Su puente James Joyce, inaugurado en 2003, salva el río Liffey en Dublín, y consiste en dos arcos de acero inclinados hacia afuera que soportan la carretera como si fuesen dos asas. El primer puente de Calatrava en Estados Unidos fue el Sundial, de 2004, un puente peatonal en Redding, California. El extremo de la sombra del mástil inclinado, parecido al del puente del Alamillo, de 66 m, se mueve aproximadamente un metro cada tres minutos, así que desde el otro extremo del reloj solar más grande del mundo (de ahí su nombre «reloj solar» en inglés) se puede leer la hora. El piso de cristal permite que las personas que atraviesan el puente puedan ver los barcos que pasan debajo.

En los Países Bajos, el barrio de Haarlemmermeer, cerca del aeropuerto Schiphol, le encargó un grupo de tres puentes atirantados con mástiles inclinados a lo largo del canal Hoofdvaart; fue terminado en 2004 como parte de un nuevo desarrollo residencial que refleja las aspiraciones de progreso del barrio. Dado que sus formas recuerdan a instrumentos musicales, se les ha dado los nombres de puente Arpa, puente Laúd y puente Cítara. Calatrava quiso que los puentes reflejaran las líneas nítidas del canal y el paisaje llano de alrededor.

En 1996 Calatrava propuso un diseño para un nuevo puente peatonal en el Gran Canal de Venecia, su cuarto cruce, para conectar el centro con la estación de trenes, con la principal estación de autobuses y con la zona de aparcamiento, el Piazzale Roma. Saliéndose de su habitual diseño de puente blanco atirantado, el puente de arco de acero y cristal, acabado en 2007, se funde discretamente con el paisaje circundante.

Entre los diseños más controvertidos de Calatrava están el puente Chords o puente Strings (de las Cuerdas), en Jerusalén, por el que pasa un sistema de tren ligero y cuya inauguración en junio de 2008 formó parte de las celebraciones por el 70 aniversario de la fundación del Estado de Israel. Con sus 118 m, su mástil inclinado es la estructura más alta de Jerusalén. Algunos han argüido que resulta inapropiado en un asentamiento atestado y ruinoso; otros ven en él un poderoso símbolo de renovación urbana y de bienvenida al nuevo siglo en una ciudad dividida.

Debajo: El puente Sundial, obra de Calatrava en Redding, California, proporciona una pasarela peatonal entre las zonas norte y sur de Turtle Bay Exploration Bay. El cristal translúcido del piso tiene un resplandor aguamarina por la noche.

PUENTE DE ALCÁNTARA

ALCÁNTARA / **ESPAÑA**

Este asombroso vestigio del pasado es ampliamente reconocido como un destacado ejemplo de los puentes construidos por los romanos. Sus pilares rectangulares de granito llevan la calzada a 57 m por encima del río Tajo, más alto que el gálibo del puente Forth o que el Sydney Harbour Bridge.

LA INSCRIPCIÓN ROMANA

Aunque es algo excepcional en un puente de su antigüedad, conocemos realmente el nombre de su arquitecto. El nombre de Caius Iulius Lacer fue grabado para la posteridad en una inscripción en un dintel colocado en el templo conmemorativo junto a la entrada. Las obras públicas de arquitectura de este tipo eran financiadas con recursos locales o bien con iniciativas privadas; en este caso, la inscripción muestra los nombres de las ciudades que contribuyeron al coste de la edificación. Sin embargo, no existe documentación sobre el método de construcción. Es probable que se utilizase a los presos y esclavos como mano de obra, pero lo que sigue siendo un misterio es cómo fueron centrados y levantados los arcos. Las frecuentes inundaciones habrían dificultado el proceso y los andamiajes pudieron haber sido arrastrados con facilidad.

SU HISTORIA

El puente recibe su nombre del término árabe *al qantarat* (puente), el mismo que también recibió un puente posterior en Toledo. Esta estructura fue levantada en Extremadura, en la calzada que unía Norba (en la actualidad, Cáceres) y Conimbriga (en la actualidad Condeixa-a-Velha, al otro lado de la frontera con Portugal).

No se utilizó mortero, y en parte fue reforzado con grapas de hierro y con algunas piedras colocadas en ángulo recto

Nombre	Puente de Alcántara
Ubicación	Alcántara, España
Cruza	El río Tajo
Tipo	Puente de arcos de granito
Función	Puente para carretera
Vano principal	28,8 m
Longitud	194 m
Gálibo	57 m
Diseño	Cayo Julio Lácer
Inauguración	106 d. C.

en relación a las demás, para dar mayor solidez. La luz de los arcos va desde los 13,8 m en ambas orillas hasta los 28,8 m sobre el río. El puente no ha permanecido intacto durante sus dos mil años de historia. Fue parcialmente destrozado por los árabes en 1214; después, los soldados franceses demolieron algunos de sus arcos en 1812, cuando hacían frente a las hostilidades del ejército del duque de Wellington. Como consecuencia, ha sido restaurado en varias ocasiones.

OTRAS INSCRIPCIONES

La calzada de 8 metros de anchura pasa bajo un arco triunfal de 13 m de altura en el centro del puente. Las inscripciones en placas de mármol que hay en el arco proporcionan la fecha de construcción y explican que el arco fue construido en honor al emperador Trajano. En 1543 se añadió otra placa dedicada al emperador Carlos V, con un águila bicéfala, el blasón de los Austrias y los Borbones.

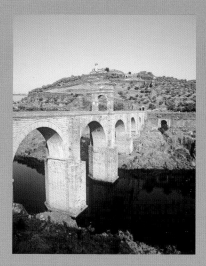

Arriba y a la derecha: El puente de Alcántara, una impresionante reliquia de la Hispania romana, está sujeto por tres grandes arcos sobre el agua y tres arcos más pequeños sobre la tierra a ambos lados del río.

PUENTE NUEVO

RONDA / **ESPAÑA**

Las dos mitades de la ciudad de Ronda, en el sur de España, están unidas por el Puente Nuevo, terminado en 1793. Este puente, que parece surgir directamente de las paredes del cortado, rellena la garganta de El Tajo con columnas inmensas de piedra caliza dorada, perforadas con cuatro arcos de medio punto.

Nombre	Puente Nuevo
Ubicación	Ronda, España
Cruza	La garganta de El Tajo
Longitud	33,5 m
Altura total	98 m
Altura de los pilares	92 m
Acabado	1793
Diseño	José Martín de Aldehuela

LOS PRIMEROS PUENTES

La elección de una estructura tan robusta no es algo casual. Un anterior intento de salvar la garganta con un único arco de piedra terminó en tragedia al cabo de solo seis años: el puente se derrumbó en 1741, y se perdieron 50 vidas. Algunos atribuyen el fracaso a un diseño defectuoso elegido por el rey Felipe V, quien encargó aquéllos primeros trabajos; pero también hay quien culpa a los constructores del puente, Juan Camacho y José García, quienes lo construyeron en tan solo ocho meses.

Era evidente que hacía falta un nuevo puente. Únicamente había otro, el Puente Viejo, que databa del siglo XVI y cruzaba la garganta más abajo. Éste se inundaba con cierta regularidad a consecuencia de las crecidas del río Guadalevín, y era preciso un arduo descenso y una escalada para conectar la ciudad vieja con el centro comercial más reciente surgido alrededor del mercado. El arquitecto, José Martín de Aldehuela (1729-1802), tenía su estudio en la capital de Málaga, donde había sido contratado por el obispo para terminar la catedral. Pero se desvinculó de este trabajo para construir el acueducto de San Telmo, que finalmente llevó agua a la ciudad, y nunca se le pagó su trabajo en la catedral.

UNA PROLONGADA CONSTRUCCIÓN

Se tardó más de cuarenta años en construir el puente diseñado por Aldehuela. El constructor jefe, Juan Antonio Díaz Machuca, natural de Ronda, inventó una serie de máquinas para ayudar a elevar los enormes bloques de piedra arrancados de la parte inferior de la garganta. Han surgido curiosas leyendas acerca del fin de Aldehuela; como que se tiró desde el parapeto porque sabía que nunca más podría diseñar algo tan bonito. Otra alega, más prosaicamente, que resbaló y cayó mientras realizaba una última inspección. En realidad, murió de muerte natural en Málaga casi diez años después de que el puente fuese terminado. Estaba profundamente endeudado y nunca se le pagó por completo su trabajo en el Puente Nuevo ni en el siguiente proyecto, la plaza de toros de Ronda.

TRAGEDIA Y VIOLENCIA

La altura del puente y su parapeto, tan bajo, dan sensación de vértigo a muchos visitantes; sensación que se potencia al saber que muchos accidentes, suicidios y actos de violencia han tenido lugar aquí a lo largo de los siglos. Sobre el arco principal existe una pequeña cámara que se utiliza en la actualidad como centro de interpretación, pero en su día fue una prisión. Se cree que ambos bandos de la Guerra Civil española torturaron prisioneros en ella. Ernest Hemingway recurrió a lo acontecido en Ronda en su novela *¿Por quién doblan las campanas?*, en la que describía cómo cientos de presuntos simpatizantes fascistas eran arrojados a la garganta, si bien desde las paredes del cortado más que desde el propio puente.

Izquierda y arriba: Este puente de arcos del siglo XVIII salva la garganta conocida como El Tajo y conecta el barrio moderno del mercado con el barrio antiguo de la localidad. Se tardaron 42 años en construir toda la estructura.

PUENTE NUEVO DE ÅRSTA

ESTOCOLMO / **SUECIA**

Estocolmo está construida sobre un archipiélago de 14 islas y, por tanto, depende de sus numerosos puentes. La capital sueca reafirmó su compromiso con el transporte público con la construcción del Puente Nuevo de Årsta, que conseguía más que duplicar la capacidad de su Estación Central.

EL PUENTE ORIGINAL

Unos quinientos trenes cruzan al día el canal Årstaviken entre una de las islas mayores, Södermalm, y Årsta, el distrito sur de Estocolmo, atravesando una pequeña isla a mitad de camino. Hasta la apertura del nuevo puente, en 2005, todos los trenes utilizaban el original Puente Årsta, que data de 1929. Comparado por algunos con un acueducto romano, éste era el puente más largo de Suecia cuando fue inaugurado, con una extensión de 753 m, e incluía un vano de armadura de arco y un puente de desplazamiento vertical. Lo diseñó el arquitecto sueco Cyrillus Johansson, y en la actualidad aparece entre los monumentos históricos. Antes de que el puente fuese acabado, las autoridades de la ciudad discutieron si añadir un piso de hierro para carretera por encima de las líneas del tren. Pero esto requería reforzar el diseño y una sección de desplazamiento vertical en lugar del basculante que se había planeado sobre el canal norte.

La idea resurgió varias veces a lo largo del siglo xx, y en 1960 se propuso un puente para carretera que corriese en paralelo por el lado oeste como prolongación de la carretera de circunvalación de la ciudad. Sin embargo, hacia finales del siglo, quedó claro que era más apremiante modernizar la red ferroviaria. Se necesitaban dos vías más para evitar el colapso ferroviario en horas punta, pero al estar catalogada la estructura no podía ser modificada.

103

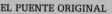

Izquierda: El característico color rojo del Puente Nuevo de Årsta, de Norman Foster, también conocido como Puente Occidental de Årsta, destaca junto a su vecino, el Viejo Puente Årsta. En conjunto se conocen como Årstabroama.

PUENTE NUEVO DE ÅRSTA

UN NUEVO ÅRSTA

Foster and Partners, junto con Ove Arup, ganaron en 1994 un concurso internacional para diseñar un segundo puente. Se pretendía que el Puente Nuevo de Årsta complementase al puente original y al paisaje natural y urbano al que daba servicio. Aportaba de cara al público las ventajas de un camino peatonal y para bicicletas a lo largo de las vías del tren, así como una nueva estación para el suburbano en el lado sur. Esta circunstancia también contribuyó a la regeneración de las zonas venidas a menos a lo largo de las orillas, incluyendo nuevos planes de vivienda y comerciales. Las vías del tren están metidas en una hendidura dentro del piso, con un acabado especial para absorber y amortiguar el ruido y ayudar así a reducir el ruido ambiental.

Situado a tan solo 45 m al oeste del viejo puente, los contornos redondeados y los pilares elípticos del nuevo puente obedecen al paisaje circundante. Los diseñadores lo califican de «geometría calmada», que pretende ser una respuesta a la tranquilidad de la bahía Årstaviken y hacer que el puente se desvanezca en su emplazamiento. Su intenso color rojo se hace eco del tradicional acabado que se encuentra en los viejos edificios de Estocolmo (llamado rojo de Falun). Otra referencia a los métodos tradicionales se halla en el hormigón que bajo la superficie fue vertido en encofrados hechos con sólidos tablones de madera, dando lugar a un sutil acabado con la textura de la madera. En la inauguración del puente, el 30 de agosto de 2005, *sir* Norman Foster dijo: «Hemos tratado de responder con sensibilidad al paisaje circundante creando un puente que se funda a la perfección con su entorno».

HORMIGÓN Y COLOR

Aunque la idea de un puente de hormigón de color rojo despertó algún que otro escepticismo durante el proceso de diseño, hoy se ve el nuevo puente como un éxito visual, ya que el material pigmentado supera la desventaja del hormigón sin acabado, que se vería descolorido en este ambiente húmedo. En la nueva estructura se utilizaron unos veintitrés mil metros cúbicos de hormigón coloreado. Hormigón que fue seleccionado con un acabado pintado para lograr una mayor facilidad de mantenimiento, durabilidad y cualidades de ingeniería. El proceso de añadir el polvo de pigmento de mineral de hierro al hormigón requería precisión para asegurar un color consistente y una mezcla uniforme: el proyecto supuso un gran desafío para los proveedores, Lanxess, y fue el tema de estudio de casos técnicos. Tanto como satisfacer las especificaciones del color, tenían que garantizar que el hormigón podría ser transportado a largas distancias y que llegaría exactamente con la consistencia correcta para ser bombeado y vertido, sin dejar huecos y sin que resultase demasiado diluido o se agrietase al secarse. El vertido del hormigón se realizó desde una plataforma de 130 m que fue fijada a las secciones que ya habían sido terminadas; la sujetaban los dos pilares siguientes y se la iba moviendo hasta completar las siguientes secciones. Para asegurar un tono uniforme a la superficie, el encofrado de madera fue cubierto con cemento de color rojo. Y para adecuar el puente a las exigencias «verdes», la protección medioambiental fue uno de los principios de la construcción, por lo que se procuró reducir al mínimo el impacto de los tintes, los productos químicos y las emisiones.

Nombre	Puente Nuevo de Årsta
Ubicación	Estocolmo, Suecia
Cruza	La bahía de Årstaviken
Tipo	Puente viaducto de hormigón
Función	Trenes, peatones y bicicletas
Vanos	Diez columnas soportan vanos de entre 65 y 78 m
Longitud	833 m
Gálibo	26 m
Inauguración	2005
Diseño	Foster and Partners

Derecha: El intenso color rojo utilizado en el Puente Nuevo de Årsta se conoce como «rojo de Falu». Una tonalidad tradicional que se utiliza en las cabañas de madera y los establos suecos desde el siglo XVII.

KAPELLBRÜCKE

LUCERNA / SUIZA

El muy apreciado Kapellbrücke, o puente de la Capilla, es el
puente cubierto de madera más largo y más antiguo de Europa
(setecientos años). Tuvo que ser laboriosamente reconstruido
tras sufrir un catastrófico incendio en 1993. El puente Spreuer,
que también se halla en Lucerna, guarda muchas similitudes
con esta destacada estructura.

UNA ESTRUCTURA VERSÁTIL

Cruzando oblicuamente el río Reuss en la
desembocadura del lago Lucerna (también
conocido como el lago de los Cuatro
Cantones), en su origen formaba parte de la
fortificación de Lucerna. La capilla que más
tarde le daría nombre es la de San Pedro,
que se encuentra cerca de la entrada del
puente, en la orilla izquierda del río.

A comienzos del siglo XVII la techumbre
a dos aguas fue adornada con más de cien
paneles triangulares pintados que
representaban imágenes de la historia y la
mitología de Lucerna y sus alrededores, y a
los santos patronos de la ciudad, san
Leodegardo y san Mauricio. En mitad del
puente está la Wasserturm, la torre del
Agua, octogonal, de 34,5 m de altura, que
ha sido utilizada como mazmorra, cámara
de tortura, faro, archivo y cámara del
tesoro.

INCENDIO Y RECONSTRUCCIÓN

Poco después de la medianoche del 18 de
agosto de 1993, un incendio, probablemente
causado por un cigarrillo mal apagado en
una barca amarrada debajo del puente,
destrozó casi las dos terceras partes del
puente, respetando los pilares, las cabezas
del puente y la torre del Agua. La
reconstrucción fue rápida y espectacular; en
ocho meses ya estaba terminada y el puente
volvió a ser lo que era. solo un tercio de las
122 pinturas no resultaron dañadas; las que
acabaron destrozadas fueron sustituidas por
réplicas o reemplazadas por otras que

estaban almacenadas. Los 2,1 millones de
dólares que costó la reconstrucción fueron
financiados por el seguro, las donaciones y
los ingresos procedentes de unos sellos que
se emitieron con carácter especial.

EL PUENTE SPREUER,
UNA ESTRECHA RELACIÓN

Río abajo, Lucerna conserva otro destacado
puente de madera cubierto, el Spreuer.
Además de su pequeña capilla, muestra en
sus gabletes una notable serie de
67 pinturas de comienzos del siglo XVII
realizadas por Kaspar Meglinger en torno al
tema de la danza de la muerte; reflejan
actitudes ante la muerte en un momento
histórico en que la peste era moneda
corriente. Este puente, datado hacia 1408 y
reconstruido en 1568, sirvió en un principio
para conectar los molinos con el barrio de
los panaderos de Pfistergasse, en la orilla
izquierda del río Reuss. Este barrio fue
ubicado deliberadamente en la orilla
opuesta a la de la ciudad medieval para
evitar que el fuego de los hornos de los
panaderos se pudiera propagar. Como el
puente se encontraba río abajo, a los
molineros se les permitía tirar al río desde
aquí el tamo o paja sobrante, el *spreu*, de
ahí su nombre.

Derecha: La Wasstertum, torre del Agua, ha sobrevivido
desde la construcción del Kapellbrücke, y todavía forma
parte de las murallas de Lucerna. El puente es el
monumento más fotografiado de Suiza.

Nombre	Kapellbrücke
Ubicación	Lucerna, Suiza
Cruza	El río Reuss (en la desembocadura del lago Lucerna)
Tipo	Puente de madera cubierto
Función	Puente peatonal
Longitud	285 m
Inauguración	1333; reconstruido en 1994

PUENTE DE PIEDRA DE ADANA

ADANA / TURQUÍA

Como ya hemos visto en el Pont du Gard, la construcción de puentes en el Imperio Romano no tuvo igual y durante mucho tiempo mantuvo una escala sin precedentes. Los ingenieros romanos introdujeron técnicas pioneras como el uso del cemento natural y el desarrollo del arco de medio punto.

EL PUENTE DE ADANA

El gran puente de piedra de Adana, en su día un cruce vital en las históricas rutas comerciales desde Persia hasta el continente europeo, data del siglo II d. C. y hoy en día es el único puente romano que todavía está abierto al tráfico de vehículos.

Adana, colonia romana desde el año 66 a. C., se encuentra en el centro de la fértil llanura agrícola del sur de Turquía y, con una población de más de un millón de habitantes, es hoy en día la cuarta ciudad más grande del país. Frente a los pequeños restos de la antigua ciudad que perviven en su entorno, el puente es una excepción que debe sus buenas condiciones a una historia

de reparaciones cuidadosas a lo largo de los años: bajo el emperador Justiniano, en el siglo VI d. C., y bajo el dominio musulmán, en el año 742 y en el 840. De los 21 arcos originales todavía quedan en pie 14 arcos, dispuestos según una particular asimetría.

EL PUENTE DE SEPTIMIO SEVERO

Otro puente romano destacable en el sur de Turquía es el de Septimio Severo, que se halla cerca de la antigua cuidad de Arsameia (hoy, Eskikale). A diferencia de los múltiples arcos del puente de Adana, éste tiene un único ojo de 34,2 m, el segundo vano de piedra más largo de los puentes romanos que aún permanecen. Una

inscripción recuerda que este puente, que recibió el nombre del emperador Septimio Severo, libio de nacimiento y que reinó entre el año 193 y el 211 d. C., fue construido en honor del emperador, su segunda esposa y sus dos hijos, Caracalla y Geta. Cada uno de ellos estaba representado por una de las cuatro columnas corintias que flanquean el puente. Sin embargo, como brutal recuerdo de la política imperial romana, la columna de Geta fue tirada abajo después de que su hermano subiera al trono, hiciera asesinar a Geta y a su familia y ordenara que todo aquello que le recordaba fuera borrado a lo largo y ancho del Imperio.

Nombre	Puente de Piedra
Ubicación	Adana, Turquía
Cruza	El río Seyhan
Tipo	Puente de arcos de piedra
Función	Puente para carretera
Longitud	310 m
Inauguración	Siglo II d. C. (durante el reinado del emperador Adriano, 117-138 d. C.)

Izquierda: El puente de Septimio Severo, también conocido como puente del Chabinas o Puente Cendere, es uno de los arcos más grandes obra de los romanos que se conoce. Todavía está en uso y por él pueden cruzar vehículos de hasta cinco toneladas.

Arriba: Atravesando el río Seyhan, vital para la productividad agrícola de la zona, el puente de piedra de Adana es uno de los puentes más antiguos del mundo entre los que aún se utilizan.

EL PUENTE ARKADIKO, GRECIA

La antigua Grecia influyó de muchas formas en el Imperio Romano, pero la tecnología romana para construir puentes debe más a la cultura etrusca del norte de Italia que a los griegos. El arco de piedra construido con piedras en forma de cuña o dovelas era conocido por los etruscos, mientras que los griegos antiguos construían puentes con la técnica más básica de los voladizos sucesivos, es decir, acercando las hileras de piedra hasta que terminan por juntarse. Este tipo de puentes de arcos en voladizo tienden a estar limitado a pequeños vanos, y ejemplos griegos no muy duraderos pero sí notables permanecen desde el comienzo de la Edad del Bronce Tardío, datados hacia el 1300 a. C y hasta el 1190 a. C.

El puente de Arkadiko, o puente de Kazarma, es el más conocido de los cuatro puentes de arcos en voladizo de la península del Peloponeso, al oeste de Atenas. Sus 22 m de largo aún cruzan el barranco de 4 m de profundidad en el que estaba la carretera de Nauplia a Epidauro. Ésta formaba parte de un entramado de carreteras militares creadas por el

Imperio Micénico, la primera gran civilización que se dispersaba desde su cercana base en Micenas.

Se cruzaban pequeñas alcantarillas debajo de la carretera, utilizando un sencillo sistema de postes y dinteles, con piedras colocadas en plano; pero las corrientes de agua y las alcantarillas más grandes disponían de puentes realizados con la técnica del voladizo, acercando las hileras de piedra hasta formar un sencillo arco.

Este tipo de construcción, a base de piedras naturales sin trabajar y unidas sin mortero, se conoce como construcción ciclópea, un término que proviene de los cíclopes, los herreros de los dioses griegos, criaturas salvajes de un solo ojo en mitad de la frente a los que se atribuían las enormes fortificaciones de Tirinto y Micenas. La cultura micénica dio lugar a los escritos de Homero y Hesíodo, fuentes de numerosos mitos y leyendas que perviven y dan una idea de las creencias de la Edad del Bronce, cuando la construcción en piedra y la forja del metal eran secretos misteriosos para el común de los mortales, a quienes les parecerían trabajos de seres sobrenaturales.

PUENTE DE LOSAS DE POSTBRIDGE

POSTBRIDGE, DEVON / REINO UNIDO

Situado en el Parque Nacional de Dartmoor, el puente de losas de piedra de Postbridge es uno de los mejores de este tipo entre los que aún permanecen en pie. La mayoría se encuentran en los páramos de Devon, pero también en otras zonas como Snowdonia, Lancashire y la isla de Anglesey. Fueron creados con grandes losas planas de granito o esquisto sujetas sobre recios pilares de piedra.

CRUZAR LAS PIEDRAS SUPERPUESTAS

Se cree que el nombre inglés de este tipo de puentes, *clapper*, proviene del término anglosajón *cleaca*, que significa «cruzar las piedras superpuestas». Resultan difíciles de datar y en su día se asumió que eran prehistóricos. Con sus piedras verticales coronadas por losas, estas estructuras datan de finales del período Neolítico, entre 5.000 y 4.000 años atrás, y todavía se pueden ver muchos ejemplos en los páramos de Devon y Cornualles. No resulta difícil imaginarse que quienes alzaron estas estructuras podían construir puentes utilizando técnicas similares. Una vez que dominaran el manejo de las pesadas rocas parece obvio que el siguiente paso fuera utilizarlas para construir puentes, tras haber empleado troncos y tablones para ese fin. Ya en su sitio, era menos probable que el puente de piedra resbalase o fuese desplazado por la corriente.

ESTRUCTURAS MEDIEVALES

Los puentes de losas que permanecen en Dartmoor pertenecen todos a la época medieval. Se cree que la construcción de Postbridge data de principios del siglo XIV, momento en que se ya habían fundado muchas de las granjas del cercano páramo. El nombre del lugar proviene del término que se utilizaba en Dartmoor para las losas, *posts*. En el siglo XVI Dartmoor se convirtió

Derecha: El puente de losas de piedra de Postbridge fue construido en un principio para ayudar a las reatas de caballos y a los trabajadores que se dirigían a las minas de estaño de Tavistock a cruzar el río East Dart.

PUENTE DE LOSAS DE POSTBRIDGE

en la fuente de estaño más rica de Europa, gracias en parte a estos puentes que permitían a las reatas de caballos transportar las existencias con independencia de las condiciones climatológicas. Sin embargo, las primeras referencias documentadas conocidas no se encuentran hasta mediados del siglo XVI.

Durante el siglo XVIII, los viajeros de mentalidad romántica comenzaron a apreciar estas modestas muestras históricas en el paisaje. En 1795, el reverendo John Swete escribió en su *Illustrated Journals of Georgian Travels in Devon*: «resulta imposible imaginarse una estructura más sencilla o mejor adaptada a la situación que ésta...».

LA CONSTRUCCIÓN

El puente mide 12,95 m de largo y consiste en cuatro losas de granito, una en cada orilla y dos más pequeñas en el centro. Se calcula que las losas laterales pesan entre 6,5 y 8 toneladas y cada una de las dos secciones centrales 2 toneladas. Los pilares principales están construidos con de cinco a seis filas de piedras con un espolón apuntado en el lado expuesto a la corriente más fuerte. El espolón, un dispositivo estructural que ayuda a los pilares a resistir mejor la acción del agua, es un ejemplo temprano de un rasgo de diseño que este puente de losas de piedra tiene en común con otros cruces de río mucho más grandes y sofisticados. La construcción del puente debió de ser laboriosa: se utilizarían ponis y trineos para arrastrar las piedras desde las fuentes locales. Los análisis han revelado que las losas tienen distintos contenidos de feldespato, y esto probablemente se deba a que procederían de dos lugares.

MATERIALES NATURALES

En una región donde la piedra se escinde con naturalidad en planos lisos, la solución más fácil para salvar un vano ancho es disponer las losas atravesadas sobre una serie de soportes verticales hasta formar un puente de losas de piedra.

En los pasos más estrechos pudo haberse utilizado una sencilla forma de voladizo juntando un poco más las capas más altas de piedra, hasta que pudieran ser cruzadas por encima con una única losa. Un buen ejemplo es el puente Brontë, en Haworth, Yorkshire, que fue reconstruido en 1990. Aquí, la piedra natural crea formas redondeadas o irregulares, más que losas planas; las hileras de piedra de cada orilla se aproximan hasta que su unión da lugar a un sencillo arco en voladizo del mismo tipo que el ya citado puente de Arkadiko (de hace 3.000 años, ver página 111).

Desde el siglo XIX, el puente de losas de piedra de Postbridge ha sufrido varios trabajos de restauración y reparación, especialmente después de que un granjero tirara al agua una de las losas centrales en un intento fallido de embalsar el río (la piedra cayó plana en el lecho del río). Fue reemplazado en la década de 1780 por una estructura nueva construida río arriba, pero permaneció como la firma local preferida por parte de los historiadores y los turistas.

Nombre	Puente de losas de Postbridge
Ubicación	Postbridge, Devon, Reino Unido
Cruza	El río East Dart
Tipo	Puente de losas de piedra
Función	Puente peatonal
Vano	Tres vanos de 4 m
Longitud	12,95 m
Gálibo	2 m
Construido	Siglo XIV

Derecha: Este puente del siglo XIV ha resistido el paso del tiempo. Sin embargo, fue sustituido por otro que cruza el río East Dart a finales del siglo XVIII (puede verse al fondo).

EL PUENTE ANPING, CHINA

En un notable desarrollo de la técnica del puente de losas de piedra, el puente Anping, del siglo XII, cruza 2.223 m a través de una bahía en la provincia de Fujian, China, y fue el puente más largo del país hasta 1905. Su piso, de entre 3 y 4 m de ancho, está realizado con vigas de piedra emplazadas una junto a otra. La viga más grande pesa 25 toneladas. En un principio el puente estaba decorado con estatuas de piedra de leones y generales y con pabellones, de los cuales permanece uno todavía, junto a 13 tablillas de piedra alrededor que documentan la historia de la construcción del puente y sus reparaciones.

Izquierda: El puente Anping, que tardó 13 años en ser construido durante la dinastía Song, es el puente de losas de piedra más grande del mundo. Los 331 pilares del puente que permanecen son de tres formas: cilíndricos, naviculares y seminaviculares.

PUENTE MATEMÁTICO

CAMBRIDGE / **REINO UNIDO**

El llamado Puente Matemático, que aparece en todos los itinerarios turísticos de Cambridge y es el argumento de una serie de leyendas extraordinariamente duraderas, salva el río Cam y une las dos partes del Queens' College de la Universidad de Cambridge. Fue construido en 1749 y reconstruido en 1866 y en 1905. Su diseño de madera es un ejemplo poco habitual en la obra de William Etheridge (1709-1776).

UNA CURVA CONCEPTUAL

La principal característica del Puente Matemáticos es su sistema de armadura tangencial y radial, en la que el arco aparentemente curvo está construido en realidad mediante una serie de maderos rectos colocados en tangentes superpuestas sobre la curva hipotética del puente. Esto significa que cada pieza de madera está sujeta por compresión con mínimos movimientos de flexión, un sistema muy adecuado para este material. Las juntas donde los maderos se cruzan no soportan carga, y simplemente están atornilladas para prevenir los movimientos laterales. La rigidez se la dan los maderos radiales que unen el arco con el riel superior, creando fuertes triángulos y cerrando el conjunto de la estructura.

El nombre de Puente Matemático puede que provenga de la descripción del siglo XVIII de estos diseños como «construcciones geométricas». En contra de lo que dicen algunas de las leyendas asociadas al puente, no guarda relación con el matemático y físico de Cambridge Isaac Newton, quien murió en 1727, más de veinte años antes de que se construyera el puente.

LAS LEYENDAS DEL PUENTE

Otra leyenda recurrente es que el puente fue construido sin clavos ni tornillos en un principio. Y continúa diciendo que unos curiosos estudiantes o compañeros de *college* lo desmontaron para ver cómo estaba construido —algo que habría sido una hazaña muy sorprendente si se tiene en

Izquierda: El Puente Matemático es uno de los puntos favoritos de la ruta turística de Cambridge. La actual estructura, construida en 1905, es una réplica de diseños anteriores. William Etheridge, que construyó el puente por primera vez, recibió 21 libras como pago por su diseño inicial y por la maqueta.

PUENTE MATEMÁTICO

cuenta el peso y el tamaño de los maderos– y que más tarde lo volvieron a montar tal y como estaba. El origen de esta creencia puede hallarse en el hecho de que en el puente original y en el de 1866 las juntas del puente estaban sujetas mediante pernos o tornillos de hierro, que el observador no puede ver a simple vista. Mientras que en la última reconstrucción de 1905 los pernos fueron sustituidos por tuercas y tornillos (las cabezas de los tornillos son perfectamente visibles para quien cruza el puente). El Queens' College cuenta con una maqueta del puente, que se cree que es la original de Etheridge, de 1748, e incluso ésta tiene tornillos en las juntas.

WILLIAM ETHERIDGE

Otra leyenda acerca del Puente Matemático asegura que William Etheridge había sido un estudiante del *college,* y que se inspiró en los puentes que había visto al visitar China. En realidad era descendiente de una familia de maestros carpinteros procedente de Suffolk que se había establecido aquí hacía mucho tiempo. Está documentado que trabajó en el primer puente de Westminster entre 1738 y 1749. William también diseñó el puente de tres arcos de madera en Walton, sobre el Támesis (construido entre 1748 y 1750), que fue muy admirado por Canaletto –lo pintó en dos ocasiones–, pero que por desgracia se pudrió y solo

permaneció en pie hasta 1783. Después de trabajar en el diseño del puente del Queens' y en la maqueta, por lo que le pagaron 21 libras, Etheridge se convirtió en el aparejador de la construcción del puerto de Ramsgate.

LA CONSTRUCCIÓN Y LA SUSTITUCIÓN

El Puente Matemático fue construido por James Essex el Joven (1722-1784), hijo de otro James que también trabajó en muchos *colleges* de Cambridge. Los archivos del Queens' College muestran que «la factura de Mr. Essex por el nuevo puente era de 160 libras, y otros 17 chelines con 9 peniques se les pagaron al término del puente a los hombres de Essex». James Essex continuó construyendo el Edificio Essex del *college,* y en 1769 construyó otro puente de diseño parecido en Cambridge, entre el Trinity Hall y el Trinity College, en el lugar del actual puente Garret Hostel.

Al cabo de un siglo o algo más, el Puente Matemático estaba podrido y sus lados parecían inclinados hacia dentro. Las reparaciones de 1866 reemplazaron los escalones originales por un piso inclinado, que permitía empujar los carros por encima del puente; pero ésta no debió de ser una reconstrucción completa: si se dejaron algunos de los maderos originales podridos, esto podría explicar por qué las

reparaciones solo duraron cuatro décadas. En 1905 fue reconstruido por completo, empleando madera de teca en lugar de roble, por un constructor local, William Sindall, y ésta es la versión que se ve hoy.

Derecha y arriba: El Puente Matemático está construido por completo con maderos rectos colocados en ángulo para trazar una curva aparente. El puente conecta la parte nueva del Queens' College con la parte vieja.

LA CONSTRUCCIÓN DEL PRIMER PUENTE DE WESTMINSTER

Los primeros ejemplos documentados del sistema de armadura tangencial y radial (la misma utilizada en el Puente Matemático) fue el diseño de James King, de 1737, para un puente de madera en Westminster. Sin embargo, este diseño fue abandonado en favor de otro construido en piedra después de que los pilotes se dañaran cuando el Támesis se heló en el invierno de 1739-1740. Se conservaron los servicios de King para construir arcos de madera sobre los que se podrían unir los arcos de piedra, mientras que se seguía permitiendo el paso de los barcos. William Etheridge, el maestro carpintero de King, retomó los trabajos tras la muerte de éste en 1744, y utilizó este sistema de armadura en sus propios diseños en más ocasiones. Mientras estaba trabajando en Westminster se le atribuye el invento de una sierra especial para poder cortar los pilotes bajo el agua.

Varios cuadros de Canaletto muestran las fases de la construcción del puente de Westminster. Una representa erróneamente el arco de madera como si estuviese formado por maderos curvos, en lugar de secciones rectas cruzadas dispuestas tangencialmente, su característica fundamental, lo que sugiere que el artista quizá no observó la estructura de cerca. Este primer puente sufrió daños debido al incremento de las mareas de la corriente y fue reemplazado por el actual puente de hierro fundido, de 1862.

Arriba: Una panorámica del puente de Westminster visto desde el norte realizada por Canaletto. Cuando fue inaugurado, era solo el segundo puente que cruzaba el Támesis más abajo de Kingston. El primer puente de Westminster fue costeado por el Parlamento.

Nombre	Puente Matemático
Ubicación	Cambridge, Reino Unido
Cruza	El río Cam
Tipo	Puente de arco de madera
Función	Puente peatonal
Construido	1749, con reconstrucciones en 1866 y 1905
Diseño	William Etheridge

IRON BRIDGE

IRONBRIDGE, SHROPSHIRE / **REINO UNIDO**

Quizás el Iron Bridge («puente de hierro») sea el símbolo más potente de comienzos de la Revolución Industrial, pero no es solo el primer puente de hierro, en él se utilizaron por primera vez componentes de hierro fundido producidos en serie para una estructura.

UNA REVOLUCIÓN FAMILIAR

El Iron Bridge, levantado en 1779 en la garganta del río Severn por el fabricante de hierro Abraham Darby III, fue inaugurado el 1 de enero de 1781. La sencillez de su nombre contrasta con el inmenso significado de su estructura, situada en el centro de una importante zona fabril, no solo de hierro, sino también de porcelana, azulejos y pipas de arcilla.

La historia comienza con el abuelo de Darby, Abraham Darby I, quien arrendó una fundición en la cercana Coalbrookdale. En 1709, fue el primero en encontrar el modo de fundir hierro utilizando coque, barato y fácilmente disponible, manufacturado mediante el procesado de la hulla, en lugar del carbón vegetal, más caro, y cuya producción estaba diezmando los bosques locales. Se comprobó que la hulla era poco adecuada para las tareas de fundido, porque el sulfuro que contiene hace que el hierro se quiebre cuando se calienta; sin embargo, Darby comprobó que utilizando coque no se daba tal problema. Su método allanó el camino para la fabricación en serie del hierro, y de este modo amaneció la nueva era industrial británica. Se recurrió a este maravilloso y nuevo material para todo tipo de usos, tanto para hacer ollas como calderas, chimeneas y utensilios.

LA NECESIDAD DE UN CRUCE

Al cabo de unas décadas, la garganta del Severn se convirtió en un hervidero de actividad industrial, con una densidad de

121

Izquierda: Pocos años después de que se terminase de construir el puente, un corrimiento de tierra provocó que aparecieran grietas en los contrafuertes de mampostería. En 1802 el contrafuerte sur tuvo que ser demolido y reemplazado con arcos de hierro.

concentración de fundiciones de hierro a lo largo de 3 km del valle como en ningún otro lugar del mundo. A medida que la población de la zona aumentaba, se hizo necesario un paso sobre el río para la mano de obra y el traslado de las materias primas.

LA PROPUESTA DEL HIERRO FUNDIDO

El primero en proponer el uso del hierro para crear un nuevo paso fue el arquitecto de Shrewsbury Thomas Farnolls Pritchard, quien escribió en 1773 al fabricante de hierro John Wilkinson –al que apodaban Iron Mad, «loco por el hierro»– proponiéndole un puente hecho de hierro fundido. Pritchard dibujó un diseño y se emitieron acciones hasta alcanzar las 3.200 libras. Su diseño fue modificado con una carretera más ancha y un arco más alto y más estrecho. Un decreto parlamentario fue aprobado en 1776 «para construir un puente sobre el río Severn desde Benthall hasta la orilla opuesta, en Madeley Wood» para evitar las «grandes molestias, retrasos y obstrucciones que causa la insuficiencia del actual ferri»; este decreto prohibió a los ferris operar a menos de quinientas yardas del puente. Parece ser que hubo un cambio de planes, ya que cuando se solicitaron las ofertas, se emitió una instrucción para construir utilizando materiales

convencionales: piedra, ladrillo y madera. Sin embargo, las dudas que existían acerca del hierro se superaron de algún modo y finalmente se encargó a Abraham Darby III construir la estructura. Apenas existen documentos sobre cómo fue manufacturada e instalada –aunque, en 1997, apareció una acuarela del momento que mostraba las obras en proceso de construcción, con tres de los cinco marcos de hierro en su sitio junto con los soportes temporales–, pero tuvo que ser una empresa formidable, especialmente si se tiene en cuenta la necesidad de izar y colocar en su sitio los nervios de hierro, de seis toneladas cada uno. Aunque el método para fabricar hierro fundiendo el coque actualmente no es ninguna novedad, nunca más se ha fundido a tal escala. Parece probable que cuando el horno de Darby fue ampliado en 1777, se debiera precisamente a este motivo.

HECHO A MEDIDA

La mayor parte de los componentes fueron hechos para encajar, y adoptaron las tradicionales muescas y juntas de cola de milano utilizadas en los trabajos de carpintería; también se utilizaron sujeciones de tuercas y tornillos, creando un híbrido, sin precedentes y rebuscado, entre las técnicas de ingeniería y las de carpintería. La fundición del hierro no fue entendida por completo entonces: la estructura precisó 384 toneladas de hierro, muchas más de las que realmente necesitaba. Cada uno de los cinco nervios fue fundido en dos piezas. Se tardó tres meses en erigirlo. Su aspecto

asombró a muchos: «un sorprendente efecto en el paisaje y una estupenda muestra de las facultades del mecanismo», escribió un observador en 1798.

AVISO DE PEAJE

Un año y medio después de haber sido acabado, el puente fue inaugurado con varias tarifas de peaje por atravesarlo: medio centavo para los peatones, un centavo para el ganado, tres centavos para un caballo o mula cargado, y dos chelines para un carruaje tirado por seis caballos. Darby colocó una nota debajo de la tabla de peaje acorde a sus principios pacifistas cuáqueros que decía: «Este puente es propiedad privada, todo funcionario o soldado, en servicio o no, es responsable de pagar peaje por cruzarlo». Aunque el puente fue cerrado al tráfico rodado en 1934, el peaje siguió vigente hasta 1950. En la actualidad se encuentra bajo el cuidado del Patrimonio Inglés.

Derecha: La zona de alrededor de Ironbridge se conoce como la cuna de la Revolución Industrial, pero la localidad en sí creció en gran parte como resultado del interés por el puente, que se había convertido en una atracción turística en el siglo XVIII.

Izquierda: Los elementos más grandes del puente son los medios nervios, de poco más de veintiún metro de largo. En total, el puente está construido con más de ochocientos elementos fundidos de doce tipos básicos.

Nombre	Iron Bridge
Ubicación	Ironbridge, Shropshire, Reino Unido
Cruza	El río Severn
Tipo	De arco de hierro fundido
Función	Puente para carretera
Vano	30,5 m
Longitud	60 m
Gálibo	18 m
Inauguración	1781 (acabado en 1779)
Diseño	Abraham Darby III

LAS REPERCUSIONES DEL IRON BRIDGE

Entre otras innovaciones locales en Shropshire con el hierro como base, en el siglo XVIII, están los primeros edificios con armazón de hierro (cerca de Shrewsbury, 1796), el acueducto de Thomas Telford en Longdon on Tern (1796) y un puente de hierro fundido en Cound Arbour (1797). El insólito sucesor de Abraham Darby III fue el republicano Thomas Paine (1737-1809), el autor de los radicales panfletos *El sentido común* y *Los derechos del hombre*, que tomó parte de forma activa en las revoluciones francesa y americana. Durante un tiempo centró su fértil mente en los problemas de la congelación de los ríos, y propuso la construcción de puentes con largos vanos de hierro. Para mostrar cómo podía lograrse, en 1790 levantó un puente completamente de hierro en Paddington Green, en Londres. Sin embargo, el trabajo de otros pronto eclipsó su plan y el proyecto fue abandonado.

PUENTE COLGANTE DE CLIFTON

CLIFTON, CERCA DE BRISTOL / **REINO UNIDO**

Noventa años transcurrieron desde su inicio hasta su apertura. El primer gran trabajo de Isambard Kingdom Brunel no se completó hasta después de la muerte del ingeniero. Desde entonces se ha convertido en un símbolo internacional de la ciudad de Bristol.

EL PRIMER DESAFÍO DE BRUNEL

La idea de construir un puente sobre la garganta Clifton se puede rastrear en el tiempo hasta 1754, cuando un rico comerciante de vinos de Bristol, William Vick, dejó una herencia de mil libras para construir un puente de piedra sobre la garganta, con instrucciones de que el proyecto debería iniciarse cuando el interés acumulado se hubiese multiplicado por diez. En efecto, en los pilares de Leigh Woods del actual puente una inscripción latina reza: «Suspensa Vix Via Fit», que podría traducirse como «un camino (o carretera) colgante hecho con dificultad», siendo «vix» un juego de palabras con el nombre de William Vick.

En 1829 era evidente que el dinero (por aquel entonces, ocho mil libras) no sería suficiente para realizar una construcción en piedra, y un decreto del Parlamento fue aprobado para levantar en su lugar un puente colgante de hierro forjado de peaje. Por consiguiente se celebró un concurso con el gran ingeniero de la época, Thomas Telford, como juez. Y Telford eligió como ganador su propio diseño, que tenía un vano principal más corto que el que vemos hoy en día y pilares góticos mucho más altos y decorados que se habrían colocado en el suelo de la garganta en lugar de en lo alto de sus paredes. Pero el hecho de que Telford seleccionara su propio diseño no gustó nada y, años después, se celebró otro concurso. Brunel, que entonces tenía 24 años, fue designado como ingeniero del proyecto. Éste iba a ser su primer gran encargo, y nunca lo vería terminado.

Izquierda: Aunque tienen tamaños similares, las torres que anclan el puente no son exactamente iguales. La torre de Clifton tiene chaflanes en los lados y la torre de Leigh tiene arcos más apuntados.

¿VANO LARGO O VANO CORTO?

En total, Brunel propuso cuatro diseños para un puente sobre la garganta Clifton. Todos ellos eran más largos que el puente Menai de 1826, y dos de ellos incluso habrían superado el vano de Joseph Chaley en el Grand Pont Suspendu de Fribourg, Suiza, por entonces el puente más largo del mundo con un vano principal de 273 m. El propio Telford había visto cómo su puente colgante Menai había sufrido daños por los fuertes vientos y era escéptico respecto a la viabilidad de construir otro puente colgante en un lugar tan expuesto como la garganta Clifton. Finalmente el diseño elegido fue el que tenía el vano más corto.

Las obras comenzaron en 1831, pero pronto se tuvieron que interrumpir debido a los disturbios de Bristol de aquel mismo año; como resultado de estos hechos se produjo una pérdida de confianza en los grandes proyectos edilicios para la ciudad. Tras reanudarse la construcción cinco años más tarde y con la primera piedra ya puesta, resultó que los fondos eran insuficientes. En 1843 solo se habían construido las torres, pero no estaban terminadas del todo cuando el dinero se agotó. Se abandonó el proyecto y, en 1851, el herraje fue vendido y utilizado para construir el puente Royal Albert, de Brunel, sobre el Tamar.

En 1859, tras la muerte de Brunel a los 53 años de edad, sus compañeros de la Institución de Ingenieros Civiles decidieron formar una compañía para terminar su proyecto –de hecho, su monumento conmemorativo–, con William Henry Barlow y *sir* John Hawkshaw como ingenieros. Algunos detalles fueron adaptados, pero en términos generales se siguió el plan final de Brunel. Las obras terminaron en 1864. El piso, pensado en un principio para ser de madera, se hizo de hierro forjado, mientras que las torres se dejaron de tosca piedra y sin la decoración egipcia con que fueron planeadas. Mientras esto sucedía, el puente colgante de Hingerford obra de Brunel (ver página 156) era desmontado y sus cuatro cadenas (dos pares dobles) se reutilizaron en el puente de Clifton –una cadena extra se añadió a cada lado para dar un peso adicional–. El proyecto de Brunel era una solución audaz y valiente para salvar los 76 m de profundidad de la garganta, y creó un diseño que embellecía el paisaje. El puente está construido sin vanos laterales, y las cadenas están ancladas a la roca en cada lado de la garganta, cerca de la parte superior. Las cadenas pasan por encima de unos «sillines» sobre cojinetes colocados en la parte alta de las torres, que pueden moverse y absorber la fuerza del movimiento de las cadenas, y de este modo minimizan la posibilidad de que las torres resulten dañadas.

La estructura obligó a construir un puente temporal, con seis cuerdas de alambre cruzando la garganta, para crear un puente peatonal con pasamanos, piso de traviesas y un alambre por encima mediante el cual se sujetaba un armazón sobre ruedas para llevar cada eslabón de la cadena. Toda la estructura fue anclada con cables sujetos a las rocas por debajo. Las barras de suspensión vertical fueron atornilladas a las cadenas y se añadieron las vigas para dar mayor rigidez al piso.

El puente colgante de Clifton, sorprendentemente, da abasto a unos doce mil vehículos a motor cada día, aunque fue diseñado para un tráfico más ligero. Sigue financiándose a través del peaje que se cobra a los vehículos.

LAS HISTORIAS DE CLIFTON

En el pasado, el puente tuvo una notoria reputación como lugar de suicidios. En 1998 se instalaron barreras para prevenir que la gente saltara, tras constatar que 127 personas se habían dado muerte arrojándose desde aquí entre 1974 y 1993. En 1885, de forma sorprendente, Sarah Ann Hanley, de 22 años, sobrevivió al salto. Había discutido con su amante y por ello se lanzó a la garganta, pero su vestido y su enagua de miriñaque se hincharon actuando como un paracaídas, lo que le salvó la vida, que aún se alargaría sesenta y tres años más. En 1957, en una flagrante infracción de las normas RAF, el oficial de vuelo J. G. Crossley pilotó un Vampire Jet a 720 km/h por debajo del puente, chocó contra los cortados y murió. El 26 de noviembre de 2003, el modernísimo Concorde voló sobre el puente antes de aterrizar en el aeródromo de Filton para celebrar las proezas de la ingeniería de Bristol.

Izquierda: El puente colgante de Clifton, que proporciona unas vistas espectaculares de la garganta Avon, se encuentra registrado dentro del Grado I del Catálogo de Edificios Históricos. En 2006 fue el centro de las celebraciones que conmemoraban el bicentenario del nacimiento de Brunel.

Nombre	Puente colgante de Clifton
Ubicación	Clifton, Reino Unido
Cruza	La garganta Clifton
Tipo	Puente colgante de cadenas
Función	Puente para carretera
Vano principal	214 m
Longitud total	414 m
Ancho del piso	9,5 m
Gálibo	76 m (por encima del nivel alto del agua)
Acabado	1864
Diseño	Isambard Kingdom Brunel
Participación	William Henry Barlow

PUENTES DE TELFORD Y STEPHENSON EN EL NORTE DE GALES

GALES DEL NORTE / REINO UNIDO

Completar la crucial conexión ferroviaria y de carretera con el puerto de ferris de Holyhead, en el mar de Irlanda, planteaba dos retos para los constructores de puentes del siglo XIX: cruzar el río en Conwy y el estrecho de Menai entre el continente y la isla de Anglesey. Las soluciones pioneras vinieron de la mano de Thomas Telford, con sus dos puentes colgantes para carreteras, y de Robert Stephenson, con su solución de puentes ferroviarios tubulares.

LOS PUENTES COLGANTES DE TELFORD

La carrera de Thomas Telford como constructor de carreteras en particular incluye su carretera desde Londres hasta el puerto del mar de Irlanda de Holyhead, que en gran medida forma parte en la actualidad de la A5. Sus dos puentes colgantes de hierro, sumamente elegantes, erigidos en 1826 en esta zona de Gales, se encuentran entre los primeros puentes colgantes para carretera del mundo. Su éxito condujo al nacimiento de verdadero entusiasmo por los puentes colgantes.

Mientras construía la carretera Londres-Holyhead, se le pidió a Telford que se encargara del puente Conwy como parte de las mejoras de la ruta desde Bangor hasta Chester. Este original plan consistía en

levantar un puente de hierro fundido, pero al final él creó el vistoso puente colgante de Conwy. A primera vista parece formar parte del castillo Conwy, del siglo XIII, porque estilísticamente casa a la perfección con las torretas de la formidable estructura medieval que está pegada a él. Hoy sería inimaginable hacer algo así, pero entonces se demolieron partes del castillo –en la actualidad, catalogado como Patrimonio de la Humanidad– para crear los puntos de anclaje de los cables colgantes. El puente es propiedad del Patrimonio Nacional y los visitantes solo pueden visitar por dentro la caseta de peaje.

Para cruzar el estrecho de Menai, más ancho, Telford necesitaba una estructura mucho más grande. El puente Menai de Telford formaba parte de su carretera

Derecha: Ahora flanqueado por un moderno puente para carretera y un puente ferroviario tubular, de Robert Stephenson, el puente colgante de Conwy solo está abierto hoy en día a los peatones que visitan el castillo.

Nombre	Puente colgante de Conwy
Ubicación	Conwy, Gales, Reino Unido
Cruza	El río Conwy
Tipo	Puente colgante de hierro fundido
Función	Puente para carretera
Vano principal	99,7 m
Ancho del piso	2,5 m
Acabado	1826
Diseño	Thomas Telford

Londres-Holyhead. Se erigieron torres huecas de piedra caliza local a ambos lados del estrecho y fueron unidas mediante 16 cadenas para soportar los 177 m de vano central. Para evitar que el hierro se oxidara después de fabricado y antes de ser erigido, se le sumergió en aceite de linaza templado. El piso de madera se sustituyó por una superficie de acero en 1893, y las cadenas de hierro fueron reemplazadas por otras de acero en 1940, pero por lo demás el puente mantiene en gran medida su aspecto original.

LOS PUENTES DE HIERRO DE STEPHENSON

Próximo al puente colgante de Conwy, el puente de Stephenson (1849) cruza el río soportando la línea ferroviaria de la costa de Gales del Norte y, al igual que el puente colgante, imita en cierto modo el gusto medieval con sus cimientos de piedra en cada extremo, construidos como torretas almenadas. Una caja rectangular de láminas de hierro forjado remachadas juntas recorre, de manera bastante incongruente, la distancia entre las torres y encierra las vías del tren –un diseño conocido como puente tubular–. Tal fue la innovación de Robert Stephenson, hijo del gran ingeniero de

ferrocarriles George Stephenson, el constructor de la primera locomotora a vapor con éxito. El concepto, basado en las técnicas de construcción navieras, era sencillo pero revolucionario, y se considera el precursor del puente de vigas planas que le siguió mucho después. Durante la construcción, todo el «tubo» se mantenía flotando sobre el río, y fue elevado hasta su posición por medio de bombas hidráulicas.

Cuando el ferrocarril fue construido hasta Holyhead, la propuesta original de cruzar el estrecho de Menai era muy engorrosa: había que desenganchar los vagones en cuanto llegaban al estrecho, para que los caballos los arrastrasen a través del puente y, a continuación, eran enganchados de nuevo a la locomotora que esperaba al otro lado. El diseño que realizó Stephenson para cruzar el estrecho tomó el nombre del peñón Britannia, donde se colocó uno de los pilares. El puente Britannia de Setphenson era como su *primo* más pequeño de Conwy construido según el principio tubular, pero existía una duda razonable sobre si un diseño de esta longitud sería lo suficientemente rígido y fuerte para soportar pesados trenes. Stephenson fue asesorado por dos ingenieros especialistas de primer orden,

Eaton Hodgkinson –quien era de la opinión, ortodoxa y arraigada, de que el tubo no sería lo suficientemente rígido y que necesitaría cadenas colgantes que lo soportaran– y William Fairbairn, quien dijo que las cadenas eran innecesarias. Stephenson se puso del lado de Fairbairn y realizó una maqueta de 23 m que puso a prueba en el astillero de Fairbairn en Millwall. Las técnicas de construcción de este puente y del de Conwy influyeron en Brunel cuando se le encargó el puente Royal Albert (ver página 133).

En 1970, unos chiquillos que jugaban en el puente dejaron caer accidentalmente un trozo de papel encendido que estaban utilizando como antorcha y toda la estructura ardió. Fue el final de la obra maestra de Stephenson; hoy solo quedan los pilares, que siguen utilizándose para sustentar el puente de arco de armadura de acero con doble piso que lo reemplazó y que fue inaugurado con el mismo nombre en 1971. Hoy en día, la A55 cruza por encima del tren, que está soportado por los arcos. Por debajo del nivel del piso de la carretera, fuera de la vista, cuatro leones de 4 m de alto de roca caliza que una vez adornaron con orgullo el puente original ahora se agazapan desamparados en la oscuridad.

Debajo: Stephenson también construyó el puente tubular de hierro forjado de Conwy, terminado en 1848, de construcción similar al puente Britannia. En la actualidad, solo está abierto a los peatones.

Nombre	Puente de Conwy
Ubicación	Conwy, Gales, Reino Unido
Cruza	El río Conwy
Tipo	Puente ferroviario tubular
Vano principal	125 m
Terminado	1848 (inaugurado en 1849)
Diseño	Robert Stephenson

Nombre	Puente Britannia
Ubicación	Cerca de Bangor, Gales, Reino Unido
Cruza	El estrecho de Menai
Tipo	Puente ferroviario tubular, reemplazado por un puente para carretera y ferroviario
Vano principal	Dos vanos de 146 m
Longitud total	432 m
Terminado	1850 (sustituido en 1971)
Diseño	Robert Stephenson, con la colaboración de William Fairbairn

Arriba: Se tardaron dos años en construir el puente Britannia de Robert Stephenson, entre 1848 y 1850. En 1970 un incendio lo destruyó, pero los pilares restantes fueron incorporados a la nueva estructura.

Derecha: El Puente del Estrecho de Menai, de Thomas Telford, está considerado el primer puente colgante moderno. El piso de madera original y las cadenas de hierro fueron reemplazados por otros de acero en 1893 y 1938 respectivamente.

Nombre	Puente del estrecho de Menai
Ubicación	Cerca de Bangor, Gales, Reino Unido
Cruza	El estrecho de Menai, entre Gwynedd y Anglesey
Tipo	Puente colgante con cadenas
Vano principal	177 m
Longitud total	521 m
Terminado	1826
Diseño	Thomas Telford

Nombre	Puente Royal Albert
Ubicación	Saltash, Reino Unido
Tipo	Puente colgante de arco atirantado
Función	Puente ferroviario
Longitud	667 m
Vanos principales	Dos vanos de 177 m
Gálibo	30 m
Inauguración	1859
Diseño	Isambard Kingdom Brunel

PUENTE ROYAL ALBERT

SALTASH / REINO UNIDO

Este puente ferroviario colgante de cuerdas curvadas (con una longitud total de 667 metros) es una de las creaciones más ingeniosas de Brunel, quien abordó con habilidad el problema del cruce del ferrocarril de Cornualles sobre el río Tamar, a la vez que dejaba espacio suficiente para la navegación bajo él.

Izquierda: La construcción del puente Royal Albert fue muy parecida a la que realizó Stephenson en el puente Britannia (ver página 130). En ambos casos, los vanos principales fueron construidos en tierra y arrastrados por el agua para luego elevarlos hasta su posición.

EL RETO DEFINITIVO DE BRUNEL

Hacia el final de su vida, I. K. Brunel emprendió la desafiante tarea de diseñar un puente ferroviario que situaría a Cornualles en el mapa ferroviario británico. La orografía del terreno acarreaba numerosos problemas. En particular, que no había dónde asegurar las cadenas de tensión, por lo que que el puente tiene armaduras en arcos en forma lenticular que se autosustentan en lo alto de los pilares. Un único pilar en mitad de la corriente sustenta dos vanos, con otros diez vanos de acceso en el lado de Cornualles y siete en el lado de Devon. Sustentado por tres pilares y formado por dos vanos, la parte central del puente presenta arcos tubulares de «arco atirantado» en forma de parábola. Están hechos con tubos curvados de láminas de hierro forjado que fueron remachadas juntas

en la orilla y después conducidas flotando en el agua para ser elevadas luego hasta su posición –una técnica inspirada en la construcción algo anterior de los puentes ferroviarios tubulares de Stephenson en el estrecho de Menai y en Conwy (ver páginas 128-131).

La construcción del pilar central fue el mayor reto para Brunel, dado que no había ninguna isleta apropiada sobre la que afirmarlo. La solución que aportó fue flotar un cilindro neumático hermético, o cajón, en el que los trabajadores podrían excavar hasta la roca sólida. Aquí adaptó el concepto de un escudo del tunelado que su padre, Marc Brunel, también ingeniero, había patentado y utilizado para la construcción del túnel del Támesis (1843). Hasta cuarenta hombres podían trabajar a la vez bajo el agua en el cajón.

LA CONSTRUCCIÓN COMO ESPECTÁCULO

Grandes multitudes se acercaban a ver los vanos transportados. La operación de flotar la primera armadura atrajo a unos veinte mil espectadores en septiembre de 1857. Hicieron falta unas quinientas personas como mano de obra para maniobrar con ella hasta su posición; la armadura, entonces, fue elevada con grúas, a una media de 2 m por semana. Trenes especiales trajeron turistas desde Londres para que fuesen testigos de la colocación de la segunda armadura, en julio de 1858. Sin embargo, Brunel no estaba allí para disfrutar del espectáculo: demasiado enfermo como para asistir, solo vio el puente ya terminado –fue inaugurado en 1859 por el príncipe Alberto–, cuando viajó por él en un vagón abierto poco antes de morir.

VIADUCTOS FERROVIARIOS DE LADRILLO

En la era británica del ferrocarril, el ladrillo se utilizó cada vez más para la construcción, y la fabricación en serie de ladrillos y la expansión industrial fueron de la mano en muchas zonas del país. Algunas de las estructuras más grandes de la época fueron viaductos ferroviarios de ladrillo y, paradójicamente, los nuevos trenes auguraban la desaparición de los canales navegables por los cuales esos mismos ladrillos eran a menudo transportados. En Reino Unido numerosos viaductos de ladrillo cruzaban a grandes zancadas los paisajes rurales y urbanos. El ferrocarril de Londres y Greenwich (construido entre 1836 y 1838, y el primer tren específicamente de pasajeros) corría 6 km sobre 878 arcos construidos con 60 millones de ladrillos, evitando así la necesidad de cruces a nivel.

Muchos de los que viajaban en tren desde Londres a Brighton ignoraban al pasar cerca de Balcombe que el tren cruzaba sobre los 37 arcos del viaducto del valle de Ouse, que, con sus 29 m de alto y sus 450 m de largo, es uno de los monumentos ferroviarios más espectaculares del país, y un destacado embellecedor de la verde

campiña de Sussex. Fue construido en 1841, con John Rastrick como ingeniero jefe, con una balaustrada clásica a lo largo de toda su longitud, y caprichosos pabellones de piedra en cada extremo. El diseño utilizó 11 millones de ladrillos y se ahorraron muchos más gracias a que cada uno de sus pilares está construido con un enorme hueco oval en medio, ofreciendo un extraordinario efecto de perspectiva a quien pasea por debajo y mira a través de los huecos a lo largo de la estructura.

Abajo: Los 37 elegantes arcos del viaducto Balcombe cruzan el valle de Ouse y todavía sostienen trenes de la línea ferroviaria principal de Londres a Brighton.

TOWER BRIDGE

LONDRES / **REINO UNIDO**

El más famoso y complejo puente basculante jamás construido, el Tower Bridge, tiene una extraña forma híbrida. Es una de las estructuras más representativas de Londres, la puerta oriental de la ciudad que evoca sus días de gloria como puerto.

CRUZAR EL TÁMESIS

Al expandirse el puerto de Londres y aumentar la población en la época victoriana, se vio la urgente necesidad de proporcionar una alternativa para cruzar el río en esta zona de la capital. El London Bridge estaba excesivamente congestionado, y no había ningún otro puente más al este. La idea de un puente que cruzase el río aquí se remonta a 1824, cuando se hizo una propuesta para construir un puente con cadenas de hierro entre pilares de piedra a una altura de 24 m por encima del agua, pero no pasó de proyecto. En 1870, el Metro Tower, el primer tren subterráneo del mundo, se inauguró por debajo del Támesis a 400 m al oeste del lugar que hoy ocupa el Tower Bridge, pero era insuficiente y fue cerrado un año más tarde.

En 1872 un proyecto de ley del Parlamento solicitó potestad para construir un «tower bridge» entre Tower Hill y Southwark. Como estaría en mitad de la zona del puerto, el diseño tenía que evitar entorpecer el tráfico fluvial. Varios proyectos, algunos de ellos realmente imaginativos, fueron presentados al Comité Estatal de Viviendas y Puentes. Estos incluían un túnel, un puente flotante de cadenas, un puente ferri con palas, un puente elevado con elevadores hidráulicos para transportar caballos y carruajes a la parte alta de cada una de las dos torres y en el puente, y un puente bajo dividido en dos calzadas separadas, cada una con su propio puente giratorio para permitir que el tráfico de vehículos cruzase el puente mientras los barcos pasaban a través del otro.

UN PUENTE CON APERTURA

En última instancia, el Parlamento dictaminó que el puente que se erigiese aquí debería disponer de apertura. En 1876, la Corporación de la Ciudad de Londres, responsable de este tramo del río (como sigue siendo hoy en día), organizó un concurso abierto para encontrar un diseño de tal puente. El participante seleccionado fue Horace Jones (1819-1887), el arquitecto de la ciudad y diseñador del mercado de Smithfield. Su diseño se parece vagamente a la estructura final: él detalló un puente

Derecha: Hubo que desarrollar nuevas normas y señales para el tráfico fluvial que pasaba bajo el puente: una combinación de señales de semáforo rojo durante el día y de luces de colores por la noche. Los días de niebla se usaba un gong.

basculante de apertura a bajo nivel («basculante» proviene del término francés que significa bascular o balancín) con dos torres góticas y un vano semicircular, que se abría por medio de enormes cadenas, muy parecido a los puentes levadizos de los castillos medievales. Sin embargo, este proyecto no dejaba suficiente gálibo para los barcos, aunque su apariencia gótica fue considerada lo bastante digna y apta para ser una puerta de la ciudad, tan cerca como estaba de la Torre de Londres.

EL PLAN REVISADO

Con la ayuda del ingeniero *sir* John Wolfe Barry, el proyecto fue adaptado al diseño del puente que se inauguró en 1894, siete años más tarde de la muerte de Jones. En este plan revisado las dos torres góticas, revestidas de granito Cornish y piedra Portland, se construyeron alrededor de una estructura de acero sustentada por dos pilares enormes. Las torres albergan hidráulicos internos, en un principio alimentados por turbinas de vapor, que tardan alrededor de un minuto en elevar las básculas hasta un ángulo de 83° a fin de permitir el paso del tráfico fluvial. La energía necesaria para conseguir la elevación se almacena en seis acumuladores gigantescos que alimentan los motores.

Izquierda: Cada día, más de cuarenta mil peatones y automovilistas cruzan el Tower Bridge. El puente todavía se eleva unas mil veces al año y, aunque el tráfico fluvial es ya muy reducido, aún tiene prioridad sobre el tráfico rodado.

Originariamente, dos calzadas a un nivel elevado, 42 m sobre el nivel del río en marea alta, a las que se accede mediante elevadores, proporcionaban acceso a los peatones, de tal forma que no tenían que esperar a que se cerrase el puente antes de cruzarlo. En 1910 se cerraron al público por falta de uso –al parecer la gente prefería esperar y disfrutar del espectáculo de la apertura del puente–. Las aceras para peatones eran voladizos de 17 m desde cada torre, con vigas colgantes utilizadas para cruzar los restantes 36,5 m entre cada extremo de los cantilever. Los vanos laterales son puentes colgantes al nivel de la calle.

¿UN ICONO O UNA MONSTRUOSIDAD?

Sin lugar a dudas el puente sigue contando con el enorme cariño del público, pero ha sido cuestionado no solo por ingenieros debido a su imagen antiestética, por sus anticuados detalles góticos y por los armazones toscos que cuelgan y soportan los vanos laterales. El artista Frank Brangwyn (1867-1956) planteó que «nunca se había lanzado una estructura más absurda que el Tower Bridge de un extremo a otro de un río estratégico». En mitad de la Segunda Guerra Mundial, un tal W. F. C. Holden, el arquitecto del National Provincial Bank, propuso un estrambótico proyecto para el puente cuando se acabara la guerra: rodear toda la estructura con cristal, con oficinas de grandes y luminosos ventanales que mirasen hacia abajo, de ese modo se

eliminaría la necesidad de pintarlo y el mantenimiento, y presumiblemente también se disimularía lo que Holden calificó de adefesio victoriano.

EL PUENTE TURÍSTICO

Hoy en día, el puente continúa elevándose unas mil veces al año para dar paso a grandes embarcaciones, como buques navales o barcos de crucero. Las calzadas elevadas fueron acristaladas en una reinauguración, en 1982, y ahora, junto con el interior de las torres, constituyen un museo sobre el puente. Los visitantes pueden ver las turbinas de vapor originales, planos de varios diseños del puente y recorrer los trabajos actuales. Desde la apertura del puente Reina Isabel II, entre Dartford y Thurrock, en 1991, el Tower Bridge ya no es el puente más al este del río Támesis.

Nombre	Tower Bridge (puente de la Torre de Londres)
Ubicación	Londres, Reino Unido
Cruza	El río Támesis
Tipo	Puente basculante y colgante
Finalidad	Puente para tráfico rodado
Vano principal	79 m
Vanos laterales	82 m
Gálibo	8,5 m, 42 m cuando está abierto
Terminado	1884
Arquitecto	*Sir* Horace Jones
Ingeniero	John Wolfe-Barry

LAS HISTORIAS DEL TOWER BRIDGE

A menudo se confunde el Tower Bridge con el London Bridge y esto ha provocado que la estructura se vea rodeada por una leyenda urbana popular. Es cierto que el London Bridge, realizado en 1831 por John Rennie, fue transportado en barco pieza a pieza hasta Lake Havasu City, Arizona, tras ser adquirido por el empresario norteamericano Robert McCulloch; pero que el magnate creyese haber comprado el Tower Bridge, no tiene fundamento. La ciudad vendió el London Bridge una vez que éste ya no era capaz de absorber el incrementado tráfico del moderno Londres. Fue reconstruido en Arizona entre 1968 y 1971, y al igual que su antiguo homólogo, el Tower Bridge, se ha convertido en una atracción turística, aunque en el otro lado del mundo.

Sin embargo, otras conocidas leyendas sí tienen fundamento. Una de ellas hace referencia a un abarrotado autobús 78 con destino a Dulwich, South London, una tarde de diciembre de 1952. El autobús se encontraba sobre el Tower Bridge cuando las calzadas comenzaron a abrirse. El conductor, con gran presencia de ánimo, pisó el acelerador y el autobús saltó por encima del hueco –todavía estrecho, pero que se abría rápidamente– antes de que fuese demasiado tarde para arrepentirse.

En 1968, el caza a reacción *Hawker Hunter* realizó un vuelo no autorizado por debajo de la calzada del puente después de sobrevolar a bajo nivel el Támesis (y hacer una pasada sobre el Parlamento). El piloto, Al Pollock, fue arrestado en cuanto aterrizó y expulsado de la RAF.

PUENTE FERROVIARIO DE FORTH

QUEENSFERRY / REINO UNIDO

Cuando fue construido, el puente Forth batió muchos récords: el de los volúmenes más grandes de acero y mampostería utilizados en un puente, y el del más alto, más largo, más profundo y con cantilever de mayor envergadura. Lo enorme de su estructura –todavía es uno de los más grandes y más famosos puentes del mundo–, debe mucho al ejemplo de la catástrofe del puente Tay, que sucedió tan solo unos años antes en la misma ruta ferroviaria.

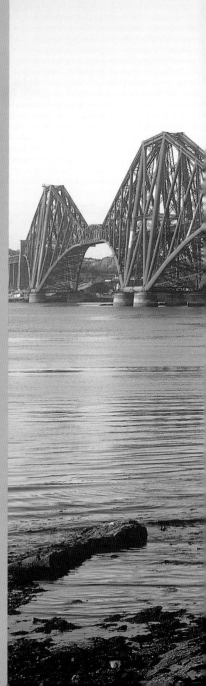

MARGEN DE RESISTENCIA

Los grandes estuarios de Forth, en Edimburgo, y de Tay, cerca de Dundee, eran enormes obstáculos naturales en mitad del camino de un ferrocarril continuo por la costa oeste de Escocia. Los pasajeros de la línea North British tenían que hacer un alto en el camino para cruzar mediante travesías largas y pesadas en ferri que a menudo se cancelaban a causa del mal tiempo.

El catastrófico fracaso del puente Tay de *sir* Thomas Bouch en 1879 (ver página 141) condujo a que se abandonara su diseño en favor de un gigantesco puente colgante en Forth, a pesar de que incluso se había colocado ya la primera piedra. Los recién

designados ingenieros, *sir* John Fowler y Benjamin Baker, eran muy conscientes de la necesidad de firmeza y rigidez que precisaba su estructura. Especificaron que podría resistir una presión del viento cinco veces mayor que la del anterior proyecto. Y aunque esto era algo excesivo dadas las necesidades del momento, dio al puente un margen de firmeza que le capacitaba frente al incremento del peso del tráfico ferroviario que se pronosticaba para el siglo xx.

EL PRINCIPIO DE CANTILEVER

Dado que el fiordo de Forth tiene 65 m de profundidad, habría sido inviable construir los numerosos pilares necesarios para una

Derecha: La construcción del puente utiliza los elementos naturales para soportar la estructura de acero siempre que es posible, incluso usa la isla de Inchgarvie, los promontorios a cada lado del fiordo y las elevadas orillas del río.

Nombre	Puente ferroviario de Forth
Ubicación	Queensferry, Edimburgo, Reino Unido
Cruza	El fiordo de Forth
Tipo	Puente en cantilever
Función	Puente ferroviario
Vano	Dos vanos de 521 m
Longitud	2,46 km
Altura	100,6 m
Gálibo	45,7 m
Inauguración	1890
Diseño	*Sir* John Fowler y Benjamin Baker

Izquierda: En 1996, una renovación que costó 40 millones de libras dio como resultado reparaciones en el acero y el baño de la superficie, y mejoró los accesos y la iluminación del puente.

serie de vanos de armadura como las del puente Tay. En cambio, Fowler y Baker trajeron dos innovaciones destacables: el uso del acero y el principio de cantilever. El acero (en lugar del hierro fundido) fue utilizado para un puente importante por primera vez en Sant Louis, en 1874, pero en Gran Bretaña no estuvo autorizado hasta este puente de Forth. El primer puente en cantilever moderno fue construido sobre el río Main, en Alemania, por Heinrich Gerber, en 1867; además, unos cuantos estaban en construcción en Estados Unidos, pero en Gran Bretaña el diseño no tenía precedentes. En una célebre demostración, Baker ilustró el principio mediante dos hombres sentados que sujetaban a un estudiante de ingeniería japonés –que estaba de visita– sobre un tablón, utilizando únicamente sus brazos extendidos y unos palos, que representaban los pilares, los cantilevers y el vano colgante.

EL REMACHE DORADO

La construcción se inició en 1883 con los tres grandes pilares, en las partes norte y sur de Queensferry y en la isleta Inchgarvie, que estaba en mitad del río; cada pilar consistía en cuatro plataformas circulares de 21,3 m, rellenas con cascotes y revestidas

con granito. Los brazos del cantilever fueron construidos simultáneamente desde las torres de acero para equilibrar las fuerzas implicadas, mientras que los viaductos de acceso a las partes voladizas del puente tienen una escala similar a la de otros puentes importantes. Hasta cuatro mil operarios trabajaron simultáneamente y se utilizaron unos seis millones y medio de remaches; el último, un «remache dorado», lo colocó ceremoniosamente Eduardo, el príncipe de Gales, el 4 de marzo se 1890. Para algunos el diseño era horriblemente austero y funcional: el diseñador de arte y artesanía, crítico y poeta, William Morris, lo describió como «supremo ejemplar de fealdad».

PINTAR EL PUENTE FORTH

En Inglaterra, para referirse de forma popular a una tarea que no tiene fin se dice: «pintar el puente Forth», expresión basada en la creencia de que tan pronto como se acababa de pintarlo, el trabajo empezaba de nuevo por el otro extremo; aunque la verdad de esto ahora está en entredicho. En cambio, hoy en día el mantenimiento se realiza con una pintura moderna de alto grado de especificación que dura hasta veinte años.

EL DESASTRE DEL PUENTE TAY

El primer puente Tay entró en servicio en 1878, gracias a lo cual a Thomas Bouch, ingeniero de la compañía ferroviaria North British, se le otorgó el título de *sir*. Ya como un distinguido ingeniero ferroviario, había creado lo que hasta el momento era el puente más largo del mundo, un gigantesco viaducto de hierro forjado de 3,26 km de largo, con una sección central de vanos de armadura (las «vigas altas») a través de la cual corrían los trenes, para dar a los barcos un mayor gálibo en el centro del fiordo. Pero, fatídicamente, las vigas altas no estaban sujetas al resto de la estructura, y durante un temporal en diciembre de 1879 se derrumbaron cuando el tren postal y seis vagones estaban cruzando por dentro del enrejado; murieron 75 personas.

El informe de una comisión de investigación dictaminó que Bouch había sido peligrosamente condescendiente con respecto al diseño, el trabajo realizado, el mantenimiento y, por encima de todo, frente a la necesidad de construir un puente que resistiese la presión de intensas ráfagas de viento de fuerza contínua –aunque, todo sea dicho, ésta no era una práctica establecida en aquel momento–. Los trabajos para el puente del fiordo Forth se vieron interrumpidos y Bouch falleció; su salud se había resentido a los pocos meses de que fuese publicado el informe.

Debajo: Un dibujo del periódico *Illustrated London News* representa lanchas de vapor y una barcaza de buzo buscando cadáveres y supervivientes de la catástrofe del puente Tay, en Dundee.

PUENTE TRANSBORDADOR DE MIDDLESBROUGH

MIDDLESBROUGH / REINO UNIDO

El único ejemplo de puente transbordador –un tipo de puente conocido también como «puente de ferri» o «transbordo aéreo»– que existe en Inglaterra lleva el tráfico sobre el río Tees en la A178, entre Middlesbrough y Hartlepool. Se ha convertido en un símbolo de la ciudad industrial de Middlesbrough.

UNA RAREZA INDUSTRIAL

Son muy pocos los puentes de este tipo que se han construido. Una sección móvil del puente se encuentra suspendida por cables enganchados a vanos de armadura de acero entre dos torres, con cables de acero que actúan como anclajes en los vanos voladizos de los extremos. La sección móvil –que a menudo da la sensación de ser la cubierta de un barco fluvial con sillas, una marquesina y una cabina de control como una habitación con ruedas–, una vez que está cargada, se desplaza hasta la otra orilla del río como un ferri colgante entre dos altas torres. El número de vehículos que el puente transbordador puede llevar es muy limitado –solo nueve en el caso del puente de Middlesbrough–, pero puede cruzar a un gran número de personas de forma muy eficiente. Los puentes transbordadores también permiten el paso de barcos alrededor de ellos, y a diferencia de los ferris pueden operar las veinticuatro horas del día independientemente del estado de la marea. Otra de sus ventajas es que no necesitan las largas rampas de acceso que serían necesarias para un puente de carretera lo suficientemente alto como para dejar el paso libre a los barcos.

CORRIENDO A POR EL FERRI

El puente Vizcaya de Bilbao (ver página 144), inaugurado en 1893, fue la primera estructura de este tipo. Sin embargo, la idea

Nombre	Transbordador de Middlesbrough
Ubicación	Middlesbrough
Cruza	El río Tees
Función	Traslado de ferri aéreo
Materiales	Acero
Vano principal	143 m
Longitud total	260 m
Gálibo	49 m
Terminado	1911
Diseño	Cleveland Bridge & Engineering Co Ltd
Ingeniero consultor	Georges Camille Imbault

Derecha: El puente transbordador de Middlesbrough, el trabajo más grande en cuanto a puentes de este tipo en el mundo, mide 69 m de altura en su punto más alto.

ya había surgido más de dos décadas antes en Middlesbrough. La ciudad había crecido alrededor del punto donde el Tees era vadeado desde hacía tiempo por parte de las comunidades de ambas orillas. A medida que la zona del puerto Clarence, en la orilla norte, se industrializaba, cruzar el río se convirtió en una necesidad cada vez más perentoria, y finalmente el servicio de ferri no pudo dar abasto para transportar a los trabajadores de forma rápida de un lado al otro. Incluso en un buen día, el ferri tardaba quince minutos en cruzar el río, además de los cinco minutos que se empleaban para embarcar y desembarcar. Esto se convirtió en una fuente de frustración para los miles de personas que lo utilizaban, quienes, una vez que habían acabado su turno de trabajo, echaban a correr para coger el ferri; a menudo el mal tiempo y las malas condiciones de las mareas agravaban la situación.

EL PROYECTO DE SMITH

En 1872, Charles Smith, el gerente de la fundición de hierro de Hartlepool, presentó la idea de construir un puente con un vano de 198 m y un avance de 46 m, sirviéndose del nunca antes utilizado ferri aéreo, o principio del transbordador, con un coste de más de treinta mil libras. Se pretendía que facilitase a los trabajadores el trayecto entre Middlesbrough y sus lugares de trabajo en la otra orilla. La corporación no aprobó este plan y, en su lugar, optó por un ferri más grande. Sin embargo, los ferris en este punto eran susceptibles de retrasarse, y el tiempo empleado en cruzar era cada vez mayor.

El plan de Smith fue revisado en 1901, después de que fueran rechazados otros diseños de puentes y un túnel, y seis años más tarde la corporación levantó, por medio de un proyecto de ley parlamentario, un puente transbordador para reemplazar el ferri. El contrato fue firmado, estipulando 27 meses como período de construcción y un coste de exactamente 68.026 libras 6 chelines y 8 centavos (aunque finalmente se superó esta cifra). Cuando por fin fue inaugurado en 1911, el puente transbordador de Middlesbrough fue aclamado al momento como un triunfo de la ingeniería, ya que hacía posible que los trabajadores cruzaran el río en tan solo dos minutos y medio.

Izquierda y derecha: En la actualidad, el puente está incluido como de Grado II* en el catálogo de edificios, y la Institution of Mechanical Engineers le ha concedido su más alto honor de excelencia en ingeniería.

EL PUENTE VIZCAYA

Ferdinand Arnodin adoptó el diseño de Alberto Palacio y la idea de Charles Smith al construir el puente Vizcaya en Bilbao en 1893. Declarado Patrimonio de la Humanidad por la UNESCO, este puente recorre cada ocho minutos, durante las veinticuatro horas, sus 164 m de largo y puede transportar ochenta toneladas –seis coches y varias docenas de pasajeros– en un minuto y medio. En Francia se han levantado cinco puentes como éste, más que en ningún otro país, mientras que en Estados Unidos solo hay dos. En Reino Unido, el puente transbordador Runcorn-Widnes (1905) que cruzaba 305 m sobre el río Mersey, fue demolido a principios de los sesenta; el puente de Newport, en Gales, fue construido atravesando el Usk, en 1906, para dar servicio a la fábrica de acero Orb y todavía está en pie, salvando 197 m. El puente transbordador más largo fue construido en la época soviética en Stalingrado (hoy llamada Volgogrado), mientras que el que se encuentra en Rendsburg (Alemania), en el canal Kiel, es quizás el más inusual. Fue construido en 1913, cruza 2.500 m y, de hecho, se trata de dos dos

puentes en uno: a través de la sección superior, uno ferroviario, y por debajo un puente transbordador.

Abajo: El puente Vizcaya, el más antiguo de los puentes de este tipo, solo ha sufrido una interrupción del servicio importante: cuatro años (1937-41), ya que la sección superior fue parcialmente destruida con dinamita en la Guerra Civil.

PUENTE HUMBER

ESTUARIO HUMBER / **REINO UNIDO**

El puente Humber –que en su momento fue el puente colgante más largo–, cruza el último gran estuario de Gran Bretaña que carecía de puente. Fue un triunfo de la ingeniería que satisfizo una necesidad centenaria pero, debido a un error de cálculo, el peaje está durando más de lo esperado.

LA CAMPAÑA LOCAL

Durante más de cien años, las empresas de Hull hicieron campaña a favor de un puente o un túnel que cruzase el estuario Humber para reducir su dependencia del ferri. La aprobación final para hacer un puente colgante llegó en 1959 con el Decreto Puente Humber, aunque las obras no empezaron hasta 1971 y el puente no fue inaugurado hasta una década después. Mantuvo el récord de ser el puente colgante de un solo vano más largo del mundo durante 17 años, hasta 1998, cuando fue superado por los puentes del Gran Belt y Akashi-Kaikyo (ver páginas 52 y 186). También fue el primer puente colgante de largo vano en tener torres construidas con hormigón. Cada par de columnas verticales huecas pasa de tener 6 m² en la base a tener 4,5 x 4,75 m² en lo alto.

LAS VENTAJAS PARA LA ZONA

El puente Humber mejoró ampliamente las comunicaciones entre dos zonas alejadas de Inglaterra. Con anterioridad, un ferri que tardaba veinte minutos en cruzar transportaba unos noventa mil vehículos al año. En 1968, un breve experimento con un aerodeslizador puso en evidencia que era inviable. Hoy en día, más de cien mil vehículos cruzan el puente cada semana. Sin embargo, ésta es solo una cuarta parte del tráfico que utiliza los dos puentes Severn (ver página 148), y el puente Humber ha sufrido problemas de financiación que se

remontan al alto precio de la inflación, los tipos de interés y los retrasos a lo largo de los años en los que se estaba construyendo.

UNA EMPRESA COSTOSA

El coste, que en un principio se calculó en 28 millones de libras, se incrementó hasta 98 millones, y el interés por el préstamo gubernamental hizo que la iniciativa contrajese una deuda de 151 millones incluso antes de que se hubiese concluido la construcción. A pesar de varias concesiones por parte del Tesoro, se calcula que el préstamo para la construcción no será pagado hasta el año 2032, y existe un considerable descontento en la zona con respecto a seguir pagando peajes después de que haya pasado tanto tiempo desde la finalización del puente.

Nombre	Puente Humber
Ubicación	Al oeste de Hull, Yorkshire, Reino Unido
Cruza	El estuario Humber
Tipo	Puente colgante
Función	Puente para carretera, peatones y ciclistas
Vano principal	1.410 m
Longitud	2.220 m
Gálibo	30 m
Altura	155 m
Inauguración	17 de julio de 1981
Diseño	Freeman Fox & Partners

Izquierda: El Puente Humber conecta Hessle, en la zona norte del estuario, con Barton-upon-Humber, en la sur. Estas zonas, que antes estaban alejadas, se han visto beneficiadas económicamente con la construcción del puente.

Nombre	Puente Severn
Ubicación	Entre Aust y Beachley, Bristol, Reino Unido
Cruza	El estuario del Severn
Tipo	Puente colgante
Función	Puente para carretera, peatonal y para bicicletas
Vano principal	988 m
Longitud	1.600 m
Gálibo	47 m
Altura	136 m
Inauguración	8 de septiembre de 1966
Diseño	Freeman Fox & Partners, Mott, Hay & Anderson

PUENTE SEVERN

ESTUARIO DEL SEVERN / **REINO UNIDO**

El puente Severn, que proporciona una conexión por carretera entre Inglaterra y Gales del Sur, fue muy innovador para su época, pero un vasto incremento del tráfico dio lugar a que se reforzara el primer puente y entonces se complementó con un segundo cruce.

A TRAVÉS DE UN ESTUARIO Y UN RÍO

El primer cruce del río Severn consistía en dos puentes: la sección principal colgante, más famosa, que cruza el estuario del Severn, y la segunda sección, más pequeña, un puente atirantado que cruza el río Wye. Estas dos secciones están conectadas con dos viaductos de viga en forma de cajón.

El diseño del puente colgante estaba influido por el ingeniero estructural alemán Fritz Leonhardt (1909-1999) quien en respuesta a la catástrofe del puente del desfiladero de Tacoma (ver página 213) tomó una dirección radicalmente distinta a la de los diseñadores estadounidenses, que habían estado instalando armaduras hondas en sus puentes colgantes para asegurar la estabilidad en caso de fuertes vientos. En su lugar, él desarrolló la idea de que un piso estrecho con un contorno aerodinámico para «cortar» las fuerzas del viento podía ser igual de efectivo, y necesitaría bastante menos acero y tendría una apariencia más ligera y elegante que las armaduras hondas. El perfil aerodinámico del piso del puente Severn, de 3 m de hondo en su centro, se logra mediante la disminución gradual de cada lado y porque se encuentra flanqueado por estrechas calzadas para peatones y bicicletas que están en voladizo hacia fuera. La disposición en zigzag de los cables era inusual en aquella época y de este modo se pretendía mitigar el movimiento de la estructura.

¿UN FUTURO NUEVO?

Inaugurado en septiembre de 1966 por la reina Isabel II, el puente fue aclamado como trampolín para un nuevo futuro económico para Gales del Sur. Mientras que sus industrias de carbón y acero iban mal en los años ochenta y noventa, la carretera directa, junto con unas buenas conexiones ferroviarias, conectaban Cardiff y otras zonas de Gales del Sur, como Newport y Swansea, con la economía regional del corredor M4, que se extiende a través de Bristol y Reading hacia el oeste de Londres.

PROBLEMAS DE TRÁFICO

Incluso mientras se estaba construyendo el puente Severn, se produjeron grandes cambios en el tráfico rodado de Inglaterra. Una cantidad de mercancías cada vez mayor se movía en vehículos que se volvían más pesados. Entre 1986 y 1991 se acometieron trabajos de mejora y refuerzo en el puente, incluyendo la instalación de columnas tubulares dentro de cada esquina de las torres, el refuerzo de las juntas del piso y la sustitución de los ganchos y de la superficie de la carretera. Sin embargo, los atascos en la temporada alta de vacaciones y en las horas punta de los desplazamientos diarios se estaban agravando en este punto; y con el fin de poner solución al problema, en 1996 se terminó el segundo puente de la M4 sobre el río Severn, un puente atirantado, a unos cinco kilómetros río abajo.

Izquierda: Cuando fue inaugurado por primera vez, el ligero piso del puente Severn fue aplaudido como un hito en el diseño aerodinámico. La iluminación está situada debajo del nivel de la plataforma para minimizar el deslumbramiento de los usuarios del puente.

149

PUENTE DEL MILENIO DE GATESHEAD

GATESHEAD / **REINO UNIDO**

Inaugurado en 2001 con un coste de veintidós millones de libras, esta estructura pivotante única no solo conecta zonas recientemente regeneradas a ambos lados del río Tyne, también realza su ubicación al formar parte de un grupo de puentes históricos y cercanos, tanto es así que se ha convertido en una atracción turística.

CRITERIO PARA UN PUENTE NUEVO

En 1996, el ayuntamiento de Gateshead propuso un concurso para levantar un puente nuevo que cruzase el río, al que se presentaron unos ciento cincuenta participantes. Los diseñadores tenían que cumplir rigurosamente con una serie de requisitos: las aceras para peatones y bicicletas tenían que estar al mismo nivel que las bajas riberas del río, y era necesario dejar un canal para el paso de barcos de 30 m de ancho. Además, el diseño tenía que armonizar con los de otros puentes famosos y cercanos sobre el río Tyne, en particular el arco elevado del puente Tyne (de los años veinte) y la carretera de aspecto precario y las vías del tren que el puente elevado de Stephenson soporta sobre el río.

EL PÁRPADO COMO SOLUCIÓN

La solución de los arquitectos de Wilkinson Eyre era muy original: una estructura en forma de párpado que se mueve sobre un eje para permitir que pasen debajo las embarcaciones fluviales. Los dos arcos parabólicos de acero tienen anclajes comunes en cada lado de la orilla y están conectados en un ángulo de 100° por una serie de 18 cables tensados. Las aceras para peatones y ciclistas van por un arco mientras que el otro arco, vertical, hace eco a la forma del cercano puente Tyne. Para que los barcos pasen, los dos arcos pivotan sobre sus anclajes, propulsados por unos cilindros hidráulicos, hasta que los cables de conexión están en posición horizontal y los dos arcos se encuentran en ángulos

Izquierda: El puente del Milenio está situado en el muelle cercano al Baltic Centre for Contemporary Art (en el centro), anteriormente llamado Baltic Flour Mill. El puente es una de los construcciones que encabezan la recuperación y el nuevo desarrollo de la zona.

PUENTE DEL MILENIO DE GATESHEAD

simétricos. Cada una de estas operaciones tarda cuatro minutos, y el diseño es tan eficaz energéticamente hablando que solo cuesta unas pocas libras abrirlo.

En noviembre del año 2000 una gigantesca grúa flotante, la asiática Hércules II, la embarcación más grande que jamás se ha aventurado tan adentro en el río Tyne, instaló la estructura de una pieza, de 800 toneladas de peso, mediante una operación que duró tres días. La encajó en su sitio con un margen de tolerancia de solo dos milímetros en ambos sentidos.

LA RECUPERACIÓN DE LA ZONA

Situado cerca de la brillante estructura de acero inoxidable del Sage Gateshead y el antiguo molino de harina *(flour mill)* reconvertido en el Baltic Center for Contemporary Art, el puente del Milenio ha sentado las bases de la regeneración de la zona de Gateshead y Newcastle. También ha ganado varios premios alrededor del mundo por su diseño y su forma de párpado sin igual, que ha dado lugar al sobrenombre de Blinking Eye, «ojo que parpadea». Como comentó un líder del ayuntamiento de Gateshead, «sabíamos que teníamos algo muy especial... pero aunque sabíamos que era algo muy innovador, nos hemos quedado sorprendidos ante el enorme interés mundial».

Incluso los pequeños detalles están pensados minuciosamente. Por ejemplo, las papeleras del puente se recogen automáticamente en unas trampillas especiales cada vez que el puente se abre. Por la noche la estructura se ilumina con luces por debajo del piso y focos que varían de color constantemente.

LOS OTROS PUENTES SOBRE EL RÍO TYNE

La línea del horizonte del Tyneside ha sido descrita como «una auténtica cacofonía de puentes» en la que pueden encontrarse hasta siete diferentes a menos de una milla unos de otros. Históricamente la mayor parte de ellos han sido vitales para el desarrollo de las industrias pesadas de la región y la construcción naval, la minería del carbón y los trabajos en hierro y acero. El que está más cerca del puente del Milenio es el puente Tyne (1928), que inspiró el Puente del puerto de Sídney, y fue el primero del mundo en salvar un río sin soportes en el agua. El puente Swing (1876) permite la navegación de barcos al rotar 90º sobre un pivote central, de tal forma que el piso del puente se queda en paralelo a las orillas del río, y cuando fue acabado era el puente de apertura de este tipo más grande. Cerca de él, el puente High Level (1849) era el primero en tener doble piso con una carretera que corría por debajo de las vías del tren. Fue diseñado por Robert Stephenson, hijo del pionero del tren a vapor George Stephenson. Se calcula que, durante el período de la «tren-manía» a mediados del siglo XIX, el número de puentes en Gran Bretaña se multiplicó por dos y pasó de treinta mil a sesenta mil. Los nuevos puentes ferroviarios tenían que dar abasto con unas cargas pesadas en movimiento sin precedentes, mucho más de lo que podían plantear las carreteras para vehículos y peatones en ese momento (viaductos de piedra y ladrillo y vigas de hierro fundido, arcos y armaduras fueron elegidos de acuerdo a las necesidades del lugar). El puente High Level utiliza seis arcos atirantados poco profundos de hierro fundido, la vía del tren está suspendida de ellos mediante barras de hierro forjado. Y completan los siete otros tres puentes menos característicos: el Rey Eduardo (1906), el Redheugh (sustituido dos veces, la última versión es de 1983), y el puente Metro Reina Isabel (1981).

Nombre	Puente del Milenio de Gateshead
Ubicación	Gateshead, Reino Unido
Cruza	El río Tyne
Tipo	Puente de arco en cantilever
Función	Peatonal y para ciclistas
Vano	105 m
Longitud	126 m
Altura	50 m
Gálibo	15 m, abierto 25 m
Inauguración	17 de septiembre de 2001
Diseño	Wilkinson Eyre Architects Gifford & Partners

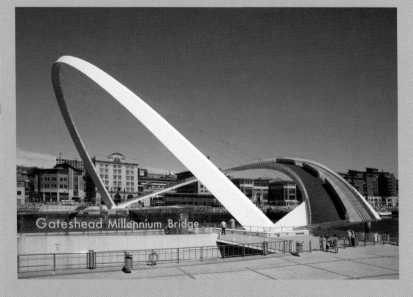

Gateshead Millennium Bridge

Izquierda: Un requerimiento crucial de las bases del concurso estipulaba que el diseño ganador debía armonizar con otros puentes y edificios del río Tyne. De hecho, el puente hace eco a la forma del cercano puente Tyne.

Derecha: El puente del Milenio no es menos espectacular por la noche, cuando el arco y la calzada están completamente iluminados con luces de colores. Para evitar distraer a los barcos, el puente no permanece encendido cuando se abre.

PUENTE DEL MILENIO

LONDRES / **REINO UNIDO**

El elegante puente del Milenio de Londres, uno de los más de treinta puentes peatonales que se erigieron en Reino Unido para marcar el comienzo del nuevo milenio, fue el primer puente que se construía sobre el Támesis en la capital tras el Tower Bridge, el puente de la Torre de Londres (1894). Sin embargo, se ha convertido en el más famoso por el inicial y desconcertante bamboleo que hizo que los londinenses lo apodaran como Wobbly Bridge («puente tembloroso»).

ARTE EN EL TÁMESIS

El puente del Milenio, situado entre el puente Southwark y el Blackfriars, guarda relación con el ver y el ser visto. Inauguró una nueva ruta peatonal que iba desde la catedral de San Pablo hasta la galería Tate Modern, con una impresionante vista de la catedral desde South Bank (orilla sur) enmarcada por los soportes del puente. Desde él se brindan espléndidas vistas del centro de Londres, y el puente mismo es en realidad una instalación artística para el público por su inusual diseño, una colaboración única entre los ingenieros de Ove Arup, los arquitectos de Foster and Partners y el escultor *sir* Anthony Caro. Esta unión de socios ganó el concurso internacional que celebró el *Financial Times* junto con el distrito municipal londinense de Southwark y el Real Instituto Británico de Arquitectos para realizar un nuevo puente sobre el Támesis.

LA INNOVACIÓN DEL PUENTE DEL MILENIO

El desafío era crear un puente que pudiera brindar unas vistas sin interrupción, y que cumpliera con las rigurosas restricciones de altura. La solución fue descaradamente innovadora, un ligero piso de aluminio con balaustradas de acero inoxidable, sustentado a cada lado por cables excepcionalmente planos, con un combado de solo 2,3 m sobre los 144 m del vano central –unas seis veces más planos que los de un puente colgante convencional– y que están por debajo de la línea de visión de los peatones. El puente tiene tres secciones principales sustentadas por dos pilares en el río, con cuatro cables colgantes en cada lado sujetos por brazos transversales y tensados para tirar de una fuerza de dos mil toneladas contra los pilares colocados en cada orilla –una tensión particularmente elevada en un puente de estas dimensiones–. Durante la

155

Izquierda: El puente, que puede soportar una carga de trabajo de hasta cinco mil persona a la vez, fue diseñado como una «espada de luz» atravesando el Támesis para celebrar en Londres y Gran Bretaña el comienzo del nuevo milenio.

PUENTE DEL MILENIO

construcción, se colgaron del puente fardos de paja, una antigua tradición para advertir a los barcos que pasaban. Por la noche se ilumina en el nivel del piso para formar lo que los diseñadores concibieron como una «espada de luz» cruzando el río. Puede alojar hasta a cinco mil personas a la vez.

EL BAMBOLEO

No obstante, en la muy anunciada inauguración del puente, el 10 de junio de 2000, surgió un problema inesperado. Una gran muchedumbre acudió al evento. Cuando lo cruzaron lentamente, todo el puente comenzó a bambolearse de forma perceptible y la gente se agarró a las barandillas para apoyarse y mantener el equilibrio. Después de aquello se restringió el número de personas que se permitía estar en el puente, y dos días más tarde fue cerrado.

Se contemplaron y rechazaron varias teorías sobre aquel balanceo –incluida la de que las grandes banderas que se colocaron en el puente para la ceremonia de inauguración, acompañadas de fuertes vientos, habían causado vibraciones–. Las investigaciones llevadas a cabo por los ingenieros de Ove Arup revelaron que la

causa fue lo que técnicamente se denomina «excitación lateral síncrona». Básicamente este fenómeno consiste en el movimiento del puente causado por una masa de peatones que andan despacio y de forma sincronizada. Pudo haber sido provocado por la marcha en grupo al mismo tiempo, y haber sido exacerbado por los movimientos simultáneos de los peatones para contrarrestar los bamboleos que se estaban produciendo. Estos problemas también se habían presentado, de hecho, en otros lugares, como en 1975, durante una demostración sobre el Auckland Harbour Bridge, Nueva Zelanda. Sin embargo, este aspecto nunca había sido abordado sistemáticamente en la práctica de la construcción de puentes.

INVESTIGACIÓN Y PRUEBAS

Ove Arup llevó a cabo un programa de pruebas sobre el modo de andar humano, el sacudir artificialmente el puente, los efectos de los movimientos de las multitudes y sobre la medición de las vibraciones resultantes del caminar de las personas a distintas velocidades. Los hallazgos fueron divulgados a otros diseñadores de puentes.

La solución consiguiente fue absorber y neutralizar los movimientos de los laterales con un sistema de dispositivos colocados por debajo del piso: 37 amortiguadores viscosos disipadores de la energía para controlar el movimiento horizontal y 54 amortiguadores de masa ajustada para contrarrestar los movimientos verticales. Tras un período de prueba, el puente fue reabierto en 2002 y, desde entonces, el problema no se ha vuelto a producir, afortunadamente.

Nombre	Puente del Milenio
Ubicación	Londres, Reino Unido
Cruza	El río Támesis
Tipo	Puente colgante peatonal
Vano principal	144 m
Vanos laterales	81 m y 108 m
Vano total	325 m
Longitud	370 m
Ancho del piso	4 m
Inauguración	2000, reabierto en 2002
Diseño	Foster and Partners, Ove Arup y *sir* Anthony Caro

Derecha: Al cruzar el puente desde el extremo sur, cerca del teatro Globe y la Tate Modern, seremos obsequiados con la vista del mayor símbolo de Londres, la catedral de San Pablo, enmarcada por los soportes del puente.

EL PUENTE DE HUNGERFORD Y LOS PUENTES PEATONALES DEL JUBILEO DE ORO

En 2002, el año del jubileo de oro de la reina Isabel II, Londres ganó nuevos cruces peatonales sobre el Támesis. Flanquean a ambos lados el desgarbado puente de Hungerford, un puente ferroviario de vigas de hierro abierto en el Ferrocarril del Sureste, en 1864, para traer los trenes desde el sur de Londres hasta la estación de Charing Cross. Anteriormente, el puente ferroviario tenía una congestionada y estrecha acera que sin embargo ofrecía una de las más espectaculares plataformas de observación de la ciudad. En su lugar, dos pasarelas peatonales de 4 m de anchura a ambos lados consiguen que los peatones puedan disfrutar de unas vistas, mejoradas sustancialmente, del palacio de Westminster y del London Eye.

El cruce original era un puente colgante peatonal de peaje (1845) diseñado por Brunel. Cuando éste fue sustituido por el puente ferroviario, las cadenas y los elementos de suspensión se reutilizaron ingeniosamente para completar el puente colgante Clifton, de Brunel –tras su muerte–, en Bristol (ver página 124), mientras que el par de impresionantes torres de estilo italiano a ambos lados del río eran demolidas. Los pilares sur (Surrey) y norte (Middlesex) de la estructura de Brunel aún están en pie.

El rediseño del puente peatonal fue encargado a Lifshutz Davidson y a los ingenieros del WSP Group. La obra tenía que realizarse sin que se cerrara el puente ferroviario, y no podía penetrar muy hondo bajo el lecho del río porque la línea de metro Bakerloo corre por debajo muy

cerca. Por consiguiente, la estructura sustentante en el lado norte fue situada en Victoria Embankment en lugar de en el río, y los pisos fueron arrastrados por la corriente en secciones, sobre seis pilares temporales, y después elevados hasta su posición y conectados con tirantes colgando de los pilonos inclinados hacia fuera.

Abajo: Durante su construcción, se temió toparse con las bombas sin detonar que permanecen en el lecho del río. Un rediseño del puente ayudó a paliar el riesgo: los cimientos fueron hincados a mano como medida extra de precaución.

ÁFRICA

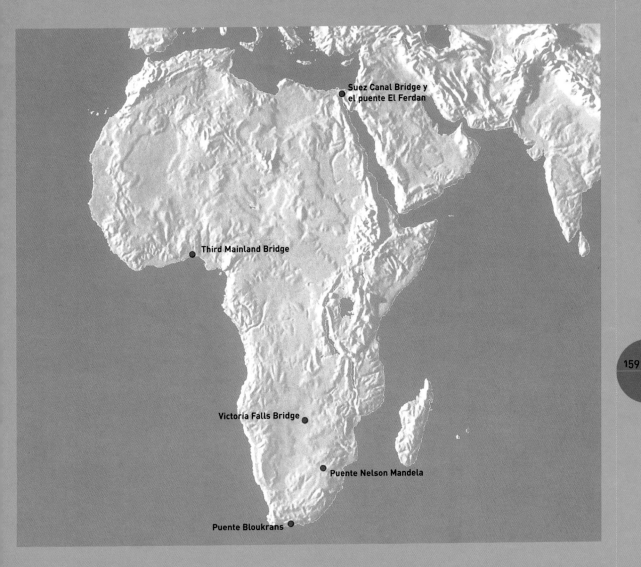

Suez Canal Bridge y el puente El Ferdan

Third Mainland Bridge

Victoria Falls Bridge

Puente Nelson Mandela

Puente Bloukrans

159

SUEZ CANAL BRIDGE

EL QANTARA / EGIPTO

También conocido como el puente de la Amistad Japón-Egipto o el puente Mubarak de la Paz, el puente sobre el canal de Suez fue el primer atirantado importante construido en Egipto y en la región de Oriente Medio. Éste y otros cruces por encima y por debajo del canal tienen un significado político en los objetivos de paz y desarrollo regional, y en la mejora de las conexiones entre Asia y África.

UNA ESTRUCTURA ESTRATÉGICA

La excepcional altura del puente, con un gálibo de 70 m, permite que el canal de Suez sea una de las vías navegables más transitadas del mundo. El canal, inaugurado en 1869 y con una extensión de 160 km desde Port Said hasta Suez, es capaz de alojar embarcaciones muy grandes de hasta ciento cincuenta mil toneladas y conecta el mar Mediterráneo con el mar Rojo, debido a lo cual constituye una ruta de navegación estratégicamente importante desde Europa hacia el este.

INVERSIÓN Y DESARROLLO

El canal separa la península del Sinaí del valle del Nilo y del resto de Europa. La lejanía de esta península ha supuesto que durante mucho tiempo estuviera escasamente poblada, y que fuera un territorio que se disputaron Egipto e Israel hasta el acuerdo de paz de 1979. Una comisión gubernamental egipcia, el Programa Nacional para el Desarrollo del Sinaí, se ocupa de la población de la península, que de poco menos de doscientos cincuenta mil habitantes a mediados de los noventa se espera que alcance cerca de tres millones en 2017, disponiendo de nuevas oportunidades de trabajo asistido por el programa del canal de irrigación al-Salam, así como de un acceso mejorado a la zona de los yacimientos petrolíferos y mineros. Se pretendió que la apertura del puente y

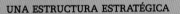

Izquierda: Levantándose de la plana llanura del desierto, el Suez Canal Bridge empequeñece a los barcos que pasan y brinda a los automovilistas una breve pero espectacular vista a lo largo del canal de Suez.

SUEZ CANAL BRIDGE

Abajo: Tanto los pilares como los pilonos del Suez Canal Bridge son de hormigón armado. Los pilonos incorporan luces de advertencia para los aviones y un sistema que alerta a los ingenieros de cualquier actividad sísmica.

Nombre	Suez Canal Bridge (puente sobre el canal de Suez)
Ubicación	El Qantara, Egipto
Cruza	El canal de Suez
Tipo	Puente atirantado
Función	Puente para carretera
Gálibo	70 m
Longitud	3,9 km, con accesos laterales de 1,8 km
Vano central	404 m
Altura de los pilonos	154 m
Ancho del piso	10 m
Inauguración	2001

su carretera de conexión fuera un catalizador de la expansión económica a lo largo de otros proyectos de infraestructuras para cruzar el canal, como el túnel Ahmed Hamdi (1983) y el puente El Ferdan (ver cuadro).

La construcción del Suez Canal Bridge fue una empresa conjunta entre los gobiernos de Japón y Egipto; un sesenta por ciento de la financiación es japonesa. La construcción fue llevada a cabo –durante unos cuarenta meses, entre 1998 y 2001–, por un consorcio de Kajima, NKK y Nippon Steel, y con una mano de obra de mil trabajadores.

LA CONSTRUCCIÓN

El puente cuenta con secciones de acceso de 1,8 km a cada lado, y un vano atirantado de 404 m sobre el canal propiamente dicho. Este vano central lo sustentan dos pilonos espectaculares de hormigón armado, de 154 m, que se divisan desde el desierto de alrededor, y que fueron diseñados a semejanza de los antiguos obeliscos. Cada una de las dos torres, apuntaladas con vigas transversales, está sustentada por 76 pilares fijados al suelo a una profundidad de 30 m.

El hormigón armado de los pilonos fue fabricado mediante un sistema de deslizamiento las veinticuatro horas del día que permite modelar y dar forma al hormigón continuamente a medida que se construye la estructura. Los pilonos incorporan un sistema de protección contra los rayos y otro de medición y registro de actividad sísmica, así como luces de advertencia para la navegación aérea.

Arriba: El Suez Canal Bridge también se conoce como el puente de la Amistad Japón-Egipto y como el puente Mubarak de la Paz (por Muhammad Hosni Mubarak, presidente de Egipto).

163

Sobre estas líneas: El puente forma parte del esfuerzo realizado por el Gobierno egipcio para desarrollar la península del Sinaí y animar a la población a salir del valle del Nilo, densamente poblado.

EL PUENTE DE EL FERDAN: OTRO CRUCE DEL CANAL DE SUEZ

Otro punto de cruce importante del canal de Suez es el puente El Ferdan, el puente móvil más grande del mundo. Fue inaugurado en 2001 y su construcción, que duró cinco años, fue supervisada por la empresa británica Halcrow. Este puente combinado (ferroviario y para carretera) es el quinto que se construye en este lugar desde 1920; sucesivas ampliaciones del canal y la destrucción del puente durante los conflictos de 1956 y la guerra con Israel, en 1967, han obligado a realizar varias sustituciones del mismo. La última estructura es un puente giratorio doble de 10.500 toneladas, con estructuras de armadura de acero en cada orilla que pivotan unos rodamientos de 12 m de radio que se unen para formar un vano de 340 m con un gálibo de 60 m. El diseño del nuevo puente evoca anteriores estructuras de cantilever, como el puente Quebec, el Firth o el Howrah, y permite a futuros proyectos ensanchar el canal. El puente El Ferdan es una conexión de un nuevo ferrocarril de 225 km que conecta Ismailia con Rafah y, al igual que el mencionado Suez Canal Bridge, es parte integrante del plan de desarrollo del Sinaí.

VICTORIA FALLS BRIDGE

CATARATAS VICTORIA / **ZIMBABUE Y ZAMBIA**

Cuando Cecil Rhodes proyectó este puente como parte de la propuesta de un ferrocarril panafricano, expresó su deseo de que «el ferrocarril pudiera atravesar el Zambeze justamente bajo las cataratas Victoria. Me gustaría tener el rocío de las cataratas sobre los vagones».

EL FERROCARRIL PANAFRICANO

Rhodes murió en 1902 y no vivió lo suficiente como para maravillarse con esta construcción de vértigo, diseñada para armonizar con el paisaje de la garganta y las cataratas más grandes del mundo. El puente estaba previsto como parte de su plan –nunca acabado– de construir un ferrocarril a través de África, desde Ciudad del Cabo hasta El Cairo. El Imperio Británico había controlado una franja de tierra casi continua a lo largo de África, pero las disputas entre otras potencias coloniales, el empeoramiento de la situación económica mundial antes y después de la Primera Guerra Mundial y el declive del control colonial supuso el abandono de la idea. El puente se halla en la frontera entre Zambia y Zimbabue y como tal tiene aduanas a ambos lados: en las ciudades de Victoria Falls, en Zimbabue, y Livingstone, en Zambia.

LA RELACIÓN CON AUSTRALIA

La pericia británica fue decisiva. El contrato de construcción se concedió a la Cleveland Bridge & Engineering Company de Darlington, mientras que el arquitecto designado era también británico: *sir* Ralph Freeman, quien más tarde pasó a diseñar el Sydney Harbour Bridge, en Australia (ver página 202) y el puente Birchenough, en Zimbabue. El diseño de arco de acero de Freeman, con abrazaderas en los tímpanos (la zona entre las curvas del arco y el piso del puente) puede desplazarse sobre unos rodamientos de acero instalados en los cimientos de hormigón, cuando las

165

Izquierda: El Victoria Falls Bridge, que tardó en construirse 14 meses, se convirtió en pieza clave para el comercio del país, ya que Zambia exporta mineral de cobre y madera e importa carbón.

variaciones de temperatura causan contracciones o dilataciones en el acero.

RÁPIDO AVANCE

Antes de la construcción se colocó temporalmente una grúa funicular, o «Blondin», atravesando la garganta, que en un principio fue salvada por medio de un cable amarrado a un cohete que fue disparado a través de ella. El remonte eléctrico disponía de una cinta transportadora que podía transportar hombres y materiales para construir tanto el puente como la línea de ferrocarril en el lado de Zambia, desde Livingstone hasta Kalomo; también fueron transportadas partes de una locomotora de esta forma para continuar con la construcción de la línea de ferrocarril hacia el norte. Una vez cruzado el puente, estas partes se volvían a ensamblar para ser utilizadas en la línea recién construida. Freeman construyó dos mitades del arco de acero de forma simultánea a cada lado de la garganta, amarradas atrás mediante cables anclados

en la roca, hasta que se encontraron en el centro. Las redes de seguridad suspendidas debajo fueron retiradas, según se cuenta, a instancia de los trabajadores, porque alegaban que su presencia les provocaba aprensión.

MIRADOR

Cuando en 1905 fue inaugurado como puente solo ferroviario, en esta región de África había pocos vehículos a motor, pero ocurrió que pronto fue necesario adaptar el puente para que pasase por él una carretera. Por consiguiente, se redujo de dos a una el número de líneas de ferrocarril sobre el puente, que fue ensanchado y reforzado, y en 1930 se añadió una carretera de dos carriles y una pasarela.

El puente es uno de los magníficos miradores que hay por la zona, y uno de los lugares favoritos de quienes practican *puenting*, cerca de donde el río Zambeze, de 1,5 km de anchura, cae en picado sobre un cortado de basalto de 2 km de ancho y a través de una serie de gargantas.

Nombre	Victoria Falls Bridge (puente de las cataratas Victoria)
Ubicación	Zambia y Zimbabue
Cruza	El río Zambeze
Vano principal	156,5 m
Tipo	Puente de arco de acero
Función	Puente ferroviario, para carretera y peatonal
Altura	128 m
Terminado	1905
Diseño	Douglas Fox and Partners
Construcción	Cleveland Bridge & Engineering Co Ltd
Arquitecto	*Sir* Ralph Freeman

Derecha: Hasta las recientes reparaciones, la edad del puente y los problemas de mantenimiento han supuesto restricciones al tráfico, incluido el cierre del puente a los vehículos pesados y el límite de velocidad de los trenes que cruzan.

TRES PUENTES AFRICANOS

Otro puente muy destacado en los mapas de los saltadores de *puenting* es el Bloukrans, cerca de Nature's Valley, El Cabo Occidental, Sudáfrica, que ofrece a los que practican esta actividad el salto más alto del mundo. Este puente de arco de un solo vano de 272 m fue terminado en 1984. Se trata de un vertiginoso puente a 216 m sobre el río Bloukrans, que hace frontera entre las provincias de El Cabo Occidental y El Cabo Oriental.

El Nelson Mandela, un sencillo y elegante añadido al horizonte de Johannesburgo, es el puente atirantado más grande del sur de África. Es la piedra angular de un proyecto de rejuvenecimiento económico de la ciudad interior de Johannesburgo, que conecta los distritos de Braamfontein y Newtown. La llamativa asimetría de la estructura es parte de su atractivo: los dos pares de pilonos tubulares rellenos de hormigón se elevan 42 y 27 m respectivamente. El vano central de 176 m cruza 42 líneas de trenes y está diseñado para minimizar el peso, utilizando acero estructural con un piso de hormigón compuesto, contrapesado por vanos traseros de hormigón armado más pesados. Descansa sobre amortiguadores gigantescos de 1,5 m, que permiten que el puente se contraiga y se expanda con el calor. El Instituto de Ingenieros Civiles de Sudáfrica lo considera «el proyecto de ingeniería civil más destacado en lograr la categoría técnica de excelencia».

El Third Mainland Bridge es uno de los tres puentes que conectan el continente (en Nigeria) con la isla de Lagos. Finalizado en 1990 para llevar el tráfico rodado, es el puente más largo de África, con una longitud total

de 10,5 km. Sin embargo, no todo parece estar bien: en 2002, un informe hizo notar que el puente ya sufría problemas estructurales y que la preocupación por las vibraciones estaba justificada. La superficie de la carretera sobre el piso se había desnivelado y los pilares se habían movido. Provocó la alarma en el mundo de la ingeniería civil el que una estructura tan reciente tuviera tales problemas. En 2007 el Gobierno prohibió a los vehículos pesados utilizar el puente y disminuyó el límite de velocidad en un intento de evitar que se derrumbase.

Debajo: El puente Nelson Mandela, que recibió el nombre del líder sudafricano, es un llamativo monumento que incluye dos carriles de coches, un carril bici y dos vías peatonales con un parapeto continuo de cristal endurecido para asegurar la seguridad de los peatones.

ASIA

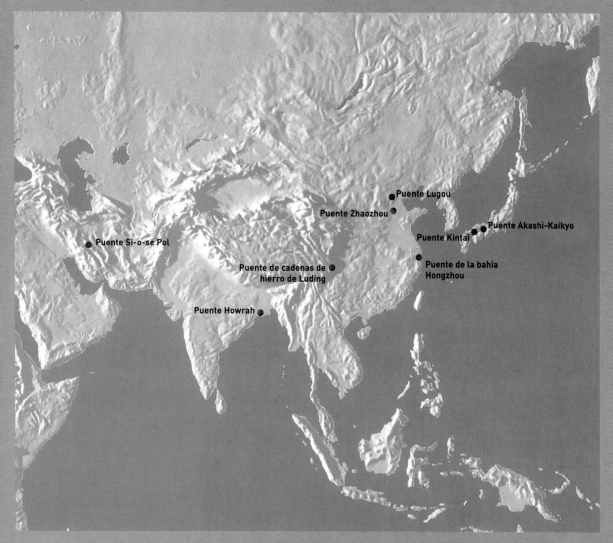

Puente Lugou

Puente Zhaozhou

Puente Akashi-Kaikyo

Puente Kintai

Puente Si-o-se Pol

Puente de cadenas de hierro de Luding

Puente de la bahía Hongzhou

Puente Howrah

PUENTE DE CADENAS DE HIERRO DE LUDING

PROVINCIA DE SICHUAN / **CHINA**

En 1935, en la pequeña ciudad comercial de Luding, el puente de cadenas de hierro del siglo XVIII fue el escenario de un incidente que se convertiría en parte del mito de la fundación de la China moderna, la historia de la Larga Marcha.

EL PUENTE DE CADENAS DE HIERRO

Se cree que el puente de Luding fue erigido por constructores de puentes procedentes de Tianquanzhou, que eran famosos por hacer cadenas de hierro. El puente constituyó una conexión importante entre la provincia de Sichuan y el Tíbet, y hacia los años treinta era todavía el único cruce sobre el río Dadu en cientos de kilómetros.

Trece cadenas de hierro forman la estructura, nueve forman el suelo cubierto con un entarimado de 2,8 m de ancho, y otras dos cadenas a los lados hacen de barandilla. Las cadenas están ancladas a unos contrafuertes de piedra en cada orilla. Una placa con el nombre del puente, que data de los días de su construcción (1705-1706) bajo el emperador Kangxi, permanece en uno de los extremos y en cada entrada se alzan puertas de madera con tejados a dos aguas, al estilo de los templos, y elementos decorativos.

EL PUENTE DE LA SUPERVIVENCIA

La Larga Marcha fue una multitudinaria retirada militar realizada por el Ejército Rojo del Partido Comunista Chino entre 1934 y 1936, durante la guerra civil china. A fin de asegurar el cruce vital sobre el río en Luding, un pequeño destacamento de 22 combatientes del Ejército Rojo tomó el puente de cadenas, trepando entre el quemado y casi desaparecido entarimado, bajo los disparos de ametralladora de las fuerzas nacionalistas contrarias. Como resultado, el Ejército Rojo fue capaz de sobrevivir en la región contra todo pronóstico. Versiones más recientes discuten el alcance de la «batalla», pero no hay duda acerca de la habilidad y el coraje de aquéllos que cruzaron por las precarias cadenas bajo el fuego enemigo.

ANTIGUOS PUENTES COLGANTES Y DE CADENAS

Los puentes de cadenas de hierro con tarimas atravesadas entre cadenas paralelas se cree que fueron desarrollados en la zona montañosa de la provincia de Yunnan, en China, hace más de dos mil años. Proporcionaban una solución para salvar profundas quebradas del mismo modo que los puentes colgantes incas, hechos de cuerdas de fibra retorcida (ver páginas 252-253), que de forma similar daban solución en un entorno parecido, si bien es cierto que cada tipo de puente evolucionó de forma completamente independiente. También está documentado que las cadenas de hierro fueron utilizadas para bloquear la navegación en una de las gargantas del río Yangtsé durante una guerra en el año 280 d. C.

Todos estos puentes eran propensos a retorcerse y balancearse cuando eran sometidos a cargas en movimiento. Un visitante de Perú, ya en la década de 1870, dejó registrado cómo los viajeros tenían que calcular sus viajes para evitar los períodos de días ventosos. El puente Ji-hong, en la provincia de Yunnan, en China, que data en su actual forma de hacia 1475 –aunque se cree que se remonta al siglo III d. C.–, es el primer puente colgante antiguo conocido que ha usado un mecanismo de rigidación. Éste consiste en tirantes de cadenas adicionales que, como si fuesen rayos, van desde las torres hasta los distintos puntos del piso (un precursor de los puentes atirantados de hoy en día).

Nombre	Puente de cadenas de hierro de Luding
Ubicación	Luding, provincia de Sichuan, China
Cruza	El río Dadu
Tipo	Puente colgante de cadenas
Función	Puente peatonal
Vano	104 m
Gálibo	14 m
Inauguración	1706

Derecha: Famoso por su papel en la Larga Marcha, en el siglo XIX este puente también vio la derrota de los campesinos rebeldes de Taiping, que más tarde inspirarían a Mao Zedong.

PUENTE ZHAOZHOU

SUDOESTE DE SHIJIAZHUANG, PROVINCIA DE HEBEI / **CHINA**

Conocido también como El Puente Seguro, el Gran Puente de Piedra y el puente Anji, éste es el puente en arco de piedra con tímpano abierto más antiguo del mundo, y también el puente más antiguo conservado en China. Fue descrito en la dinastía Ming como «un largo arco iris que cuelga de una cascada de montaña».

Arriba: Extendiéndose 550 m a través del río, el puente Lupu fue construido pensando en los visitantes y en los conductores; ofrece con una plataforma de observación del tamaño de una cancha de baloncesto que proporciona increíbles vistas de Shanghai.

UNA ESTRUCTURA SOFISTICADA

Tratándose de un puente construido hace mil cuatrocientos años, sorprende que el nombre del constructor se haya conservado. Una tablilla descubierta recientemente, y ahora colocada en uno de los pilares, dice que fue obra del artesano Li Chun. Otra inscripción colocada por los funcionarios de la dinastía Tang, unos setenta años después, alaba la ingeniosa construcción de Li Chun, su precisión al encajar las piedras en forma de cuña y la anchura del vano. Sencillamente muy adelantado a su tiempo, el puente generó muchas imitaciones a lo largo del país y ha resistido numerosos terremotos, crecidas y guerras, lo que no han hecho otras estructuras. Su supervivencia es un testimonio del grado de sofisticación que la ingeniería china había alcanzado ya por entonces, mucho antes de que ningún tipo de técnica fuese alcanzada en otras partes del mundo.

UN DISEÑO ROBUSTO

A Li Chun se le ordenó construir una estructura lo suficientemente alta y robusta como para evitar las riadas y lo bastante ancha y plana para que lo utilizaran el ejército imperial y las caravanas comerciales; es decir, que peatones y carruajes lo pudieran utilizar al mismo tiempo. Hasta entonces, los vanos de los puentes de piedra tenían forma de medio punto. En este caso, el cantero inventó la forma segmentada, un cuarto de segmento de círculo en lugar de un semicírculo, lo que comprende 28 losas de granito curvadas y unidas con juntas de cola de milano de hierro que pueden repararse por separado. En cada lado se abren arcos más pequeños –tímpanos abiertos– que alivian el impacto de las altas corrientes de agua y dispensan de unas setecientas toneladas de piedra, reduciendo el peso total en un 15 por ciento; en total, el diseño requería un 40 por ciento menos de material que un puente de arco convencional. Toda la estructura es enormemente sólida, y se ha hundido menos de cinco centímetros a lo largo de su existencia; no se sabe cómo Li Chun logró un cálculo tan exacto del peso, y los ingenieros todavía se asombran ante tal precisión.

Las balaustradas del puente están decoradas con dragones y otras criaturas míticas magníficamente trabajados y esculpidos individualmente; se cree que guardan el puente y a la gente del lugar contra desastres naturales como las inundaciones y las sequías.

UN ANTEPROYECTO A SEGUIR PARA OCCIDENTE

Otros puentes de arco segmentado aparecieron más tarde en China, como el Yongtong (1130), de 6 m de largo, cerca de Zhaoxian, en la provincia de Hebei. Esto sucedía muchos siglos antes de que el diseño llegase a Occidente: con un vano de 37 m de largo, fue el puente de un arco más largo del mundo al ser construido, y el más largo de China hasta mediados del siglo xx.

¿UNA CONSTRUCCIÓN INMORTAL?

Cuenta la leyenda que el puente fue construido en una noche por un maestro arquitecto llamado Lu Ban. Dos inmortales, Chai Rong y Zhang Guolao, cruzaron el puente al tiempo, Chai Rong con una carretilla cargada con cinco montañas y Zhang Guolao a lomos de su burro con el sol y la luna a la espalda. Al ver que la estructura se tambaleaba bajo un peso tan inmenso, Lu Ban se zambulló en el agua y la sujetó. Dejaron en el puente las huellas de la carretilla y de las pezuñas del burro.

Derecha: Notable tanto por lo asombroso de que siga en pie y por su elegante simetría, la estructura del puente Zhaozhou permanece inalterada tras mil cuatrocientos años, solo las verjas decorativas han sido sustituidas.

EL PUENTE LUPU

Otro gran arco chino apareció en el año 2003 bajo la forma del puente Lupu sobre el río Huangpu, en Shanghai, proporcionando un enorme empuje a la imagen y a la infraestructura de la ciudad. Este cantilever en forma de arco tiene el vano más grande del mundo; le arrebató el récord por 32 m al New River Gorge Bridge, en Virginia Occidental, Estados Unidos. También es el primer puente completamente soldado del mundo, y contiene unas treinta y cinco mil toneladas de acero. Durante su construcción, los dos arcos fueron volados y atirantados a dos torres de acero temporales; en su forma completa, 27 estructuras en cajón transversales apuntalan los arcos. Este diseño permite que el puente pueda resistir a las catástrofes naturales: podría sobrevivir a un terremoto de 7 en la escala Richter, y a un huracán de fuerza 12. Destaca sobre el emplazamiento de la Expo 2010, y los visitantes pueden tomar un elevador para subir a hasta una plataforma de observación. Su nombre hace referencia a los dos barrios que conecta, Luwan y Pudong.

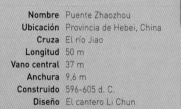

Nombre	Puente Zhaozhou
Ubicación	Provincia de Hebei, China
Cruza	El río Jiao
Longitud	50 m
Vano central	37 m
Anchura	9,6 m
Construido	596-605 d. C.
Diseño	El cantero Li Chun

PUENTE DE LA BAHÍA DE HANGZHOU

BAHÍA DE HANGZHOU / **CHINA**

Descrito por un observador chino como una «apuesta segura», se espera que este nuevo puente que cruza la bahía de Hangzhou ayude a desarrollar la gran zona económica de Shanghai hasta ser una de las seis zonas urbanas más grandes del mundo, por detrás de París, Londres, Nueva York, Tokio y Chicago.

MONUMENTO ECONÓMICO

En el momento de escribirse este libro, el puente de la bahía de Hangzhou es el más largo del mundo que cruza el mar, uniendo el centro financiero de Shanghai con la ciudad de Ningbo, al sur. Lo que permite al puerto de Ningbo competir con su homólogo de Shangai por la gestión del transporte marítimo. Gracias al puente, el viaje por carretera desde Ningbo hasta Shanghai se ha acortado 120 km y el tiempo del trayecto entre las dos ciudades se ha reducido de cuatro a dos horas. Muchos negocios se están asentando en la zona nueva de la bahía de Hangzhou, el punto de salida del puente en Ningbo, beneficiándose de lo práctico de la reciente ubicación y de los precios más bajos respecto a la zona de Shanghai. El puente fue financiado por un proyecto de infraestructura del sector público y privado, con inversores privados que han financiado casi el 30 por ciento del coste. La construcción comenzó en 2003 y se terminó antes de lo previsto, en 2007,

Nombre	Puente de la bahía de Hangzhou
Ubicación	Bahía de Hangzhou, China
Tipo	Puente atirantado
Función	Puente para carretera de seis carriles
Altura de los pilonos	89 m
Altura del piso	62 m
Vanos principales	448 m y 318 m
Longitud	36 km
Inauguración	1 de mayo de 2008

aunque el puente no se abrió al público hasta mayo de 2008. Se espera recuperar el capital invertido mediante el peaje durante sus primeros 15 años de servicio.

RESISTIENDO A LA NATURALEZA

Los preparativos para construir el puente ya habían comenzado en 1994. El desafío era complejo: al ser el puente más largo del mundo que cruza el mar, tenía que resistir

Derecha: Con seis carriles, el puente de la bahía de Hangzhou está diseñado como una arteria importante para integrar Ningbo y el norte de Zhejiang en la gran zona económica de Shanghai.

174

los tifones que en verano azotan la zona desde el Pacífico, así como los espectaculares oleajes que hacen de la bahía de Hangzhou una importante atracción turística. El trabajo en la zona cercana a la orilla sur, con oleajes rápidos y en alternancia de condiciones húmedas y secas, supuso en particular tener que afrontar problemas técnicos para la compañía constructora, ya que las secciones del puente tuvieron que ser levantadas hasta su posición con el cabrestante sobre extensiones de planicies lodosas semejantes a las arenas movedizas.

EL DRAGÓN DE PLATA
El macareo más grande del mundo, al que se conoce como Dragón de Plata, se forma en la desembocadura del río Qiantang donde se junta con la bahía de Hangzhou. La pared de agua que surge causada por el movimiento de la marea a lo largo del estrecho canal del río, puede llegar a medir hasta 9 m de altura, y viajar a una velocidad de hasta 40 km por hora. Un diseño de puente atirantado, capaz de resistir terremotos de hasta 7 en la escala de Richter, fue seleccionado para resistir estas difíciles condiciones. La forma en S que tiene el plano del puente fue concebida para no molestar al Dragón de Plata. Otro reto que hubo que encarar en este proyecto fue el descubrimiento de gas natural en una capa superficial a lo largo de la línea del puente: por lo que tuvo que ser liberado antes de que se hincaran los pilotes, para prevenir cualquier derrumbe del suelo o un escape de gas.

La longitud del puente ha obligado a instalar luces centelleantes de distintos colores para evitar la somnolencia de los conductores.

UN LUGAR PARA EL TURISMO
Futuros desarrollos del proyecto incluyen una plataforma turística que se planea a mitad del puente, con hoteles, restaurantes y una torre de observación. Se espera que se construya sobre pilares para evitar perturbar la marea, y es posible que se convierta en un destino turístico popular. De hecho, cuando el puente se abrió al tráfico en mayo de 2008, cientos de conductores fueron multados por conducir demasiado despacio o por aparcar ilegalmente en el puente mientras disfrutaban de las vistas y hacían fotografías.

EL PUENTE DONGHAI
También para dar servicio a Shanghai, el puente Donghai fue acabado en 2005, y con sus 32,5 km ostentó durante un breve intervalo de tiempo el récord del puente más largo del mundo que cruza el mar, hasta que el puente de la bahía de Hangzhou le arrebató el título. Conecta la ciudad con el puerto de aguas profundas de la isla de Yangshan, y la construcción duró dos años y medio. Gran parte del puente es un viaducto con poca altura pero con vanos atirantados, el más largo de ellos mide 420 m de ancho, y permite el paso de los grandes barcos. Al igual que da servicio a Yangshan, se pretende que en el futuro el puente sea una puerta turística para los visitantes a las demás islas del mar del Este de China, y podrá proporcionar una plataforma para turbinas eólicas.

Derecha: Seiscientos expertos tardaron nueve años en diseñar el puente de la bahía de Hangzhou, casi el doble de lo que se tardó en construirlo. El puente se abrió el 1 de mayo de 2008, ni cinco años después de que empezara la obra.

Debajo: La construcción del piso de una de las secciones atirantadas del puente Donghai, que hoy en día tiene seis carriles para el tráfico que entra y sale de Shanghai.

PUENTE LUGOU

CERCA DE PEKÍN / **CHINA**

Famoso en China por ser el lugar donde estalló la guerra contra Japón (1937-1945), este puente es más conocido en Europa porque en el siglo XIII lo describió el viajero y explorador veneciano Marco Polo (1254-1324), quien pasó 16 años en China. De hecho, también se le conoce como el puente de Marco Polo.

UN PUENTE SIN IGUAL

Durante los años que Marco Polo pasó en China, entre 1278 y 1292, trabajó para Kublai Kan, el primer emperador chino, y más tarde sirvió al gobernador de Yangzhou. El libro que escribió más adelante relatando sus viajes embelesó a la élite culta de la Europa medieval y dio como resultado que se tuviera un mayor conocimiento de la cultura china. El veneciano escribió: «sobre este río hay un magnífico puente de piedra, es más, tan magnífico que hay muy pocos iguales en el mundo». Su descripción del puente Lugou pudo haber impresionado a los europeos, cuyos mejores ejemplos de puentes de piedra eran en su mayoría supervivientes de la época romana.

En Europa, el renacimiento de las técnicas de construcción de puentes de piedra en arco no llegó hasta finales del siglo XII; el puente original de Avignon (ver página 72) era casi contemporáneo del puente Lugou.

LEONES DENTRO DE LEONES

El puente Lugou que Marco Polo habría visto, construido en 1192, puede ser que tuviera menos de un siglo de antigüedad. Este puente fue destruido por una inundación en el siglo XVII y fue reconstruido bajo el emperador Kangxi, en 1698. El puente es de granito, con un gran arco central y diez arcos más pequeños, y está adornado con 250 balaustres de mármol con leones en la parte alta. Se añadieron a los pilares refuerzos triangulares de hierro para ayudar a prevenir los daños provocados por la corriente y el hielo.

Derecha: Cada uno de los leones de piedra que adornan el puente tiene a su vez leones tallados en la cabeza, el lomo, la parte inferior y las zarpas. A pesar de las investigaciones realizadas, aún no hay una cifra oficial consensuada sobre cuántos leones hay.

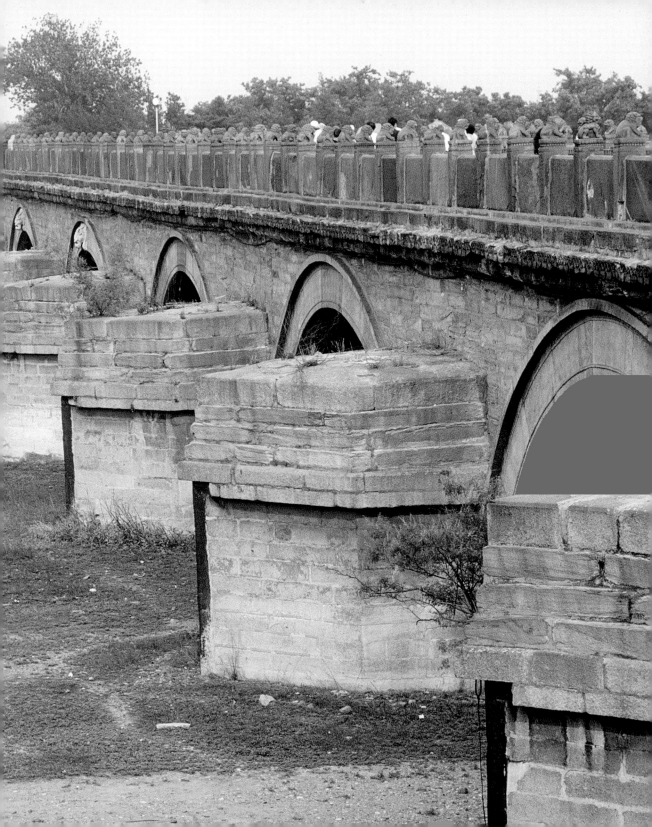

Se dice que es imposible contar con exactitud los leones del puente Lugou. Esculturas de leones más pequeños, semiocultas, forman parte de los leones más grandes, y los recuentos sobre su número varían en una docena o más. Actualmente hay cerca de quinientos leones, y originalmente se dice que hubo 627: fueron siendo añadidos a lo largo de los siglos, y unos pocos todavía permanecen del puente original anterior a 1698. También hay en cada extremo del puente elefantes reclinados de piedra y otros animales esculpidos, junto a columnas ornamentales y placas de mármol con inscripciones; una de ellas narra la historia de la reconstrucción del puente bajo el reinado del emperador Kanxi de la dinastía Qing, en 1698, otras muestran la caligrafía de su nieto, el emperador Qianlong; en una reza: *lugou xiaoyue* («luna sobre el río Lugou al alba»).

VISTAS DE LA LUNA

Marco Polo no fue el primer visitante que apreció este puente. Poco después de su

Izquierda: El pabellón a la cabeza del puente Lugou alberga una estela de mármol con la inscripción: *lugou xioayue*, «luna sobre el río Logou al alba», en la caligrafía del emperador Qianlong, nieto de Kangxi, quien mandó construir el puente.

primera construcción en 1192, apareció en una relación de los «ocho lugares pintorescos de Yanjing (Pekín)» , y era particularmente famoso por sus vistas de la luna durante el festival de otoño.

El río Yongding era conocido por sus corrientes rápidas y fuertes. El emperador Kangxi le cambió el nombre de Wuding («carente de estabilidad») por el de Yongding («estabilidad eterna») en un intento de regular su caudal, pero el río no estuvo realmente bajo control hasta que en 1949 se construyó una presa río arriba. Ahora el puente Lugou salva poco más que una herbosa pradera.

EL DETONANTE

En julio de 1937 el puente fue escenario de un dramático incidente: la chispa que encendió la guerra entre Japón y China. El ejército japonés bombardeó la ciudad de Wanping desde el lado occidental del puente y luego lo atravesó con sus tanques. Los posteriores acuerdos de retirada que se pactaron duraron poco y, seis semanas más tarde, de nuevo avanzaron las tropas japonesas por el puente para controlar Pekín. Esto dice mucho de la calidad de la construcción del puente Logou, que resistió el peso de un ejército mecanizado de maniobras.

EL PUENTE DEL LUJOSO CINTURÓN

También conocido como Baodai, este puente cercano a Suzhou, a unos ochenta kilómetros al oeste de Shangai, es el puente antiguo de arcos más largo que permanece en China. Se encuentra cerca del extremo sur del Gran Canal de China, que recorre los 1.770 km desde Pekín hasta Hangzhou desde el siglo VII d. C. Los trabajos en el puente comenzaron en el año 816 d. C., cuando el gobernador local Wang Zhongshu generosamente vendió su precioso cinturón de jade para ayudar a financiar la construcción, dando así nombre al puente. La estructura actual data de la última reconstrucción en 1466, y consiste en 53 arcos de granito con una longitud total de 317 m. Los tres arcos centrales están agrandados para dar mayor gálibo, de 7,5 m, y permitir que pasen embarcaciones más grandes.

El puente del Lujoso Cinturón aparece en muchos poemas inspirados por el paisaje local de lagos, ríos, campos y montañas; por ejemplo, en estas líneas del filósofo Lu Shiyi (1611-1672):

Las aguas del lago Dan-tai son de un verde brillante.
El puente del Lujoso Cinturón flota como un lazo de seda.
Si fuese posible, me gustaría plantar un bosque de melocotoneros,
y disfrutar entonces cada primavera entre las flores.

Nombre	Puente Lugou
Ubicación	Cerca de Pekín, China
Cruza	El río Yongding
Tipo	Puente de arcos
Función	Puente para carretera
Vano principal	21,6 m
Longitud	260 m
Inauguración	1192, reconstruido en 1698

PUENTE DE HOWRAH

CALCUTA / **INDIA**

También conocido como el puente de Rabindra Setu, el puente de Howrah es un legado del dominio británico en la India. Se cuenta entre los puentes más transitados del mundo, es considerado el nexo de unión de la ciudad y se ha convertido en una estructura simbólica de la India.

Nombre	Puente de Howrah
Ubicación	Calcuta, India
Cruza	El río Hooghly
Tipo	Puente en cantilever
Función	Puente peatonal y para carretera (originalmente también para tranvías)
Vano	458 m
Longitud	705 m
Altura	82 m
Gálibo	8,8 m
Inauguración	Febrero de 1943
Diseño	Rendel Palmer & Tritton

UN PUENTE PARA LAS PERSONAS

De forma inusual para un gran puente en cantilever, ésta es una conexión vital tanto para los peatones como para los vehículos. Cada día unos cuatro millones de viandantes y ciento cincuenta mil vehículos cruzan por el puente entre Howrah, lugar donde se encuentra una de las estaciones de tren más grandes del mundo, y la propia Calcuta.

El nuevo puente de Howrah reemplazó al Floatin Pontoon Bridge (puente de pontones flotantes) de Calcuta, de 1874. Diseñado por *sir* Bradford Leslie y planeado para aguantar una tercera parte de lo que aguantó, el puente de pontones contribuyó al desarrollo del nuevo puerto de Calcuta conectándolo con el satélite industrial de Howrah. Tenía una sección abierta de 60 m que permitía la navegación, y vanos batientes que conectaban con la orilla para permitir que el puente flotara arriba y abajo con las mareas. Sin embargo, lo empinado de sus vertientes con la marea alta implicaba que los carros tirados por bueyes no podían pasar, y esto provocaba enormes atascos en los extremos cuando el tráfico se intensificó. Además, existía la preocupación de que el puente estuviese provocando que el puerto se obstruyera con cieno.

GUERRA Y ATASCOS

El nuevo puente dio comienzo en 1937, con diseño y construcción a cargo de empresas de ingeniería británicas que utilizaron sobre todo acero y mano de obra indios. Los dos pilares de cuatro mil toneladas de peso que soportan las torres fueron construidos, inusualmente, en cada ribera, en lugar de en el agua; cuando uno de ellos se hundió de repente medio metro durante la construcción, se dice que la sacudida causó el derrumbe de un templo hindú cercano.

Al ser abierto al tráfico en 1943, el puente de Howrah facilitó de inmediato la guerra a los aliados, dando a las tropas mejores accesos al suburbio industrial de Howrah y la carretera hacia el frente en Burma. Tras la guerra, el tráfico del puente excedió rápidamente al del puente más concurrido de Londres, el London Bridge, en un veinte por ciento más o menos. Una investigación realizada en mayo de 1946 observó que lo cruzaban 27.400 vehículos, 121.100 peatones y 2.997 reses. Hoy en día inquieta el masivo incremento de la congestión, aunque el Second Hooghly Bridge (1993), río abajo, ayuda a descongestionar.

El puente de Howrah fue repintado e iluminado como parte de las celebraciones por su 60 cumpleaños; su característica pintura de color aluminio ahora se ilumina cada noche con oro y magenta.

Izquierda: Resistiendo el tempestuoso clima de la región, las veintiséis mil toneladas de acero del puente Howrah pueden dilatarse hasta un metro en un día caluroso de verano.

LOS PUENTES FLOTANTES

Los puentes flotantes o sobre pontones tienen un piso que descansa sobre barcas –o barcazas– que hacen de soportes flotantes, en lugar de sobre pilares anclados. En los registros de la antigua China, ya en el siglo XI a. C. aparecen documentados puentes temporales sobre pontones, originalmente utilizados como verdaderos barcos situados unos al lado de otros. Un ingeniero griego, Mandrocles de Samos, construyó un puente sobre pontones a través del Bósforo, entre Europa y Asia, para el ejército de Darío I el Grande de Persia (522-486 a. C.). Incluso hoy en día,este tipo de puentes es importante en la guerra: el ejército estadounidense construyó uno de 620 m de largo sobre el río Sava, entre Croacia y Bosnia, en 1995, y utilizó una versión moderna, el Assault Float Ribbon Bridge («puente de cintas flotante de asalto») en la guerra del Golfo, en 2003.

Pero los puentes sobre pontones no se reducen únicamente al ámbito del mundo antiguo y al campo militar. Una serie de puentes flotantes cruzan el lago Washington, cerca de Seattle, en Estados Unidos; ésta fue elegida como la opción más práctica para un lago que tiene una media de 43 m de profundidad y que carece de fuertes corrientes y de mareas.

Mientras Calcuta sustituía su primer puente de pontones de Howrah, un innovador ejemplar en hormigón era desvelado en Estados Unidos para asombro de todos. Un tal Homer H. Hadley, que había trabajado en barcos y barcazas de hormigón como sustitutos de otros de acero durante la Primera Guerra Mundial, propuso un puente flotante sobre el lago Washington, en 1920. El primero de todos, el puente Murrow de 2.020 m de largo, fue abierto al tráfico en 1940. Muchos no creían que aquello fuese a flotar, y se asombraron de que fuera más grande que el trasatlántico más grande de aquel momento. Sin embargo, se hundió en 1990, con cada pontón conectado llenándose de agua, elevándose para luego descender. Fue reconstruido con un diseño similar pero con características de seguridad modernas.

PUENTE SI-O-SE POL

ISFAHÁN / **IRÁN**

En medio de una de las grandes ciudades históricas de Irán, esta destacada estructura del siglo XVII no fue construida únicamente como medio para cruzar de un lado a otro del río Zaandeh, sino también como refugio contemplativo del severo calor del desierto.

PARTE DE UN GRAN PLAN

El puente Si-o-se Pol (que significa «puente de los treinta y tres arcos») en un principio se llamaba Allahverdi Khan, por su diseñador, que fue comandante en jefe del ejército del *sha* Abbas I de la dinastía Safavid de Persia (hoy, Irán). En 1598, el *sha* eligió Isfahán, en el centro del país, como la nueva capital y el puente era un elemento más en un gran esquema de avenidas, palacios, mezquitas y villas, todo ello emplazado en un suntuoso vergel. El puente unía el bulevar principal de Isfahán con el barrio armenio de Nueva Jolfa.

UN ORNAMENTO PÚBLICO

Los 33 arcos apuntados, de 5,6 m de luz, están en el nivel inferior, que tiene una amplia carretera, con los pilares sobre bases excepcionalmente anchas. El piso superior tiene dos arcos sobre cada arco inferior, y su piso está dividido en tres pistas. En el centro hay un ancho pasillo para el paso de animales y carros, y los laterales fueron construidos para que los peatones estuviesen a la sombra y disfrutasen de las vistas del río desde las galerías arqueadas. Estas galerías, decoradas con pinturas, también servían como habitaciones, para que los viajeros descansasen en ellas. La idea de un puente que es ornamento y a la vez espacio público estaba muy en consonancia con el estilo de planificación urbanística y arquitectónica introducida durante el mandato de la dinastía Safavid (1501-1722), con calles de trazado geométrico y espacios abiertos refrescados con elementos arbóreos y acuáticos.

UNA CONSTRUCCIÓN PRECAVIDA

La estructura está hecha a base de arena, ladrillo y hormigón fabricado en la zona, y decorada con azulejos; en uno de los lados hay una tetería. El tráfico rodado ya no cruza el puente, pero es muy utilizado como lugar de encuentro de la gente de la ciudad.

En 2006, la construcción del metro de Isfahán fue denunciada como una amenaza para el puente y otros monumentos de los Safavid por la fuga del agua subterránea, a pesar de que los constructores originales del puente comprendieron los problemas potenciales con el agua y por ello precintaron los cimientos.

Nombre	Si-o-se Pol
Ubicación	Isfahán, Irán
Cruza	El río Zaandeh
Tipo	Puente de múltiples arcos con doble piso
Longitud	298 m
Inauguración	1602
Diseño	Allahverdi Khan

Derecha: El puente Si-o-se Pol fue construido bajo la dinastía Safavid, que favoreció diseños de impronta geométrica que ordenan los entornos urbanos.

PUENTE KHAJU (PUL-KHAJU)

Otro famoso puente de Isfahán es éste, medio siglo posterior al puente Si-o-se Pol. Fue construido hacia la década de 1650 por orden del *sha* Abbas II sobre los cimientos de otro puente. Es ligeramente más pequeño que el Si-o-se Pol, con 23 arcos y una longitud de 105 m, pero muestra de forma refinada algunos conceptos similares. Tiene dos pisos, el superior está dividido entre el carril para carros y dos pasillos laterales para peatones. Los nichos con vistas al río son espaciosos y dan lugar a habitaciones exteriores, y seis pabellones laterales, conocidos como «Salones de los Príncipes», se utilizan como miradores.

Por debajo corre una carretera lo suficientemente ancha como para albergar cinco carriles para el tráfico, con atracaderos abovedados, pilares y arcos. En el lado occidental, el agua corre sobre escalones, que se duplicaron para que fuera un lugar de encuentro de los lugareños. El puente también funciona como presa, e igualmente ha sido utilizado como refugio contra el calor.

Derecha: Las bóvedas del puente Khaju. La estructura funciona asimismo como una presa; un dique de piedra retiene el río y forma un embalse, ideado originalmente para crear un entorno ornamental a los palacios y pabellones.

PUENTE DE AKASHI-KAIKYO

KOBE / **JAPÓN**

La tecnología de la construcción de puentes colgantes dio un nuevo salto hacia delante con este puente, también conocido como Puente Perla, que batió récords. El puente forma parte del proyecto de puente de Honshu-Shikoku, que ha unido las dos islas japonesas más grandes por medio de tres rutas y dieciséis conexiones sobre el mar Interior de Seto, de unos cien metros de profundidad.

PUENTE DE AKASHI-KAIKYO

SUSTITUIR EL FERRI

Junto al puente Onarutu, el puente de Akashi-Kaikyo, con sus tres vanos y seis carriles, constituye una conexión desde la ciudad de Kobe hasta Shikaku vía la isla Awaji. Desde que en 1995 colisionaran dos ferris, muriendo 168 personas (la mayoría niños), se produjo una gran presión política para que se erigiese un puente. El desafío afrontado por los arquitectos fue diseñar un vano central de casi 2 km que pudiera tener un amplio gálibo para permitir el paso de las embarcaciones en el estrecho de Akashi, una de las rutas de navegación más transitadas del mundo. Además, era necesario que resistiese tifones de vientos de hasta 290 km/h y terremotos de hasta 8.5 en la escala Richter. Su construcción comenzó finalmente en 1988 y se calcula que se tardaron unos dos millones de días de trabajo durante diez años, empleando 1,4 millones de metros cúbicos de hormigón y tanto cable de acero como para poder rodear la tierra siete veces.

BATIR UN RÉCORD

La estructura total del puente arrebató el récord al puente Humber (ver página 146) al convertirse en el vano de puente colgante más largo del mundo. Con cuatro veces la longitud del puente de Brooklyn y con las torres de puente más altas del mundo, fue aclamado por muchos críticos como la mayor hazaña de la ingeniería japonesa hasta la fecha. Para poder vérselas con todo aquello que los elementos pueden arrojarle, el puente está sustentado con un armazón –un conjunto de tirantes triangulares– que le da rigidez, evitando así una estructura sólida que ofrecería demasiada resistencia al viento. El puente también está diseñado para poder dilatarse hasta 2 m a lo largo del día.

UNA CONSTRUCCIÓN DE PRECISIÓN

Los cimientos circulares de 60 m de altura de las torres fueron hechos mediante moldes de construcción en dique seco. Tras lo cual fueron remolcados y colocados, antes de ser rellenados con unos cincuenta millones de litros de agua de mar, y después con un hormigón especial que podía mezclarse con el agua de mar. Cada torre consta de 90 secciones, diseñadas para ser flexibles ante vientos tormentosos. Y cada una está instalada con 20 amortiguadores sintonizados de masa, un sistema de mecanismos que desplaza los pesos para contrarrestar los movimientos verticales producidos por el viento. En la construcción de las torres se utilizaron unos setecientos cincuenta mil pernos. Para lograr una construcción de precisión, la superficie de cada sección fue pulida hasta conseguir un acabado liso.

Nombre	Puente de Akashi-Kaikyo
Ubicación	Conecta Kobe con la isla Awaji, en Japón
Tipo	Puente colgante
Función	Puente para carretera
Vano principal	1.991 m
Longitud total	3.800 m
Altura pilones	283 m
Cruza	El mar Interior de Seto
Acabado	1998
Arquitectos	Honshu-Shikoku Bridge Authority

Derecha y página anterior: Un total de 1.737 luces iluminan el puente de Akashi-Kaikyo, de las cuales más de mil iluminan solo los cables principales. Diferentes modelos de luces señalan períodos de vacaciones y los días de fiesta y los conmemorativos.

EL PUENTE RAINBOW, TOKIO

Acabado en 1993, este puente colgante que cruza el puerto de Tokio se ha convertido en un símbolo de la regeneración de la zona de Odaiba de la bahía, y en un lugar popular para los habitantes de la ciudad y los turistas, que se reúnen y disfrutan de las vistas de la torre Tokio y, en días claros, de la cima del monte Fuji. Sus dos pisos constan de una plataforma superior con autopista y una plataforma inferior con una carretera, una vía para peatones y un tren rápido no tripulado, el Yrikamome New Transit. La longitud total es de 918 m, con 570 m que se extienden entre las dos torres. Las luces decorativas, rojas, blancas y verdes, son alimentadas con energía solar.

EL PUENTE TATARA

Otra parte del proyecto del puente Honshu-Shikoku, y en la carretera que también cruza el puente Kurushima-Kaikyo, el puente Tatara fue concebido en un principio, en 1973, como puente colgante, por lo que habría necesitado amplias excavaciones para su anclaje. Dieciséis años más tarde se cambió de plan para crear lo que se convertiría en el puente atirantado híbrido de acero y hormigón más largo del mundo en el momento de su finalización, en 1999. Las vigas de cajón de hormigón pretensado en los extremos de los vanos laterales fueron una innovación que permitió aumentar el vano más que si se tratase de un puente solo de estructura atirantada. Tiene un vano principal de 890 m en una longitud total de 1.480 m, un gálibo de 26 m, con sus dos torres –en forma de Y invertida–, que alcanzan los 200 m. La forma en abanico de sus cables ha sido comparada con un pájaro blanco que abre sus alas. Soporta cuatro carriles de tráfico rodado y carriles para bicicletas, motocicletas y peatones.

Debajo: El puente Tatara, que tardó seis años en ser construido, no fue superado como el puente atirantado más largo del mundo hasta 2008, cuando se construyó el puente Sutong sobre el río Yangtsé, en China.

PUENTE KINTAI

IWAKUNI / **JAPÓN**

Uno de los tres puentes históricos de Japón más famosos, el «puente del Fajín Brocado» –como también se le conoce– es muy apreciado por los japoneses debido a su belleza torneada, y ha sido pintado por numerosos artistas del país. Cruza un río de aguas cristalinas y está bien iluminado por la noche. Es muy visitado durante la época de los cerezos en flor, en primavera.

UNA ESTRUCTURA DE RENOVACIÓN

Si es una estructura original, es algo abierto al debate, ya que nada queda de lo que fue levantado aquí primeramente en 1673 bajo el mandato de Hirohoshi Kikkawa, señor feudal del castillo cercano. Sin embargo, según la literatura japonesa, estaba previsto que cada diez años se reconstruyese la superestructura. En cambio, en la práctica, debido al deterioro y los daños sufridos, muchas reparaciones y duplicados se han realizado a lo largo de la vida del puente. Esto se hace eco de la necesidad espiritual japonesa, ampliamente observada, de salvar una estructura de la decadencia: de lo contrario se vería amenazada la continuidad que resulta esencial para el bienestar de la humanidad. Es más, numerosos monumentos japoneses de madera –como castillos, santuarios y templos–, son renovados regularmente en este país propenso a los tifones y terremotos, y con altos niveles de humedad.

UN DISEÑO MEJORADO

La capacidad para soportar las inundaciones era fundamental en el diseño del puente, que era utilizado con frecuencia como vía de escape en épocas en las que el nivel de las riadas era demasiado alto para que la gente del lugar cruzase en ferri. Después de que la corriente se llevase los primeros vanos, resultó que toda esa madera a la deriva en el río estaba aumentando la presión en los pilares y conduciendo a su ocasional derrumbe. Un diseño mejorado originó la creación de cuatro isletas tapiadas en piedra uniformemente separadas en el río, poco profundo, y se realizaron experimentos con varios diseños y se probaron varias estructuras hasta la terminación final en 1673. En los siguientes años se lo llevó la corriente, pero los pies de los pilares fueron mejorados y el puente duró entonces 276 años, hasta que un tifón se lo llevó por delante en 1950. La reconstrucción total de 1953 utilizó maderos tratados químicamente, y los pilares de piedra fueron reforzadas con núcleos de hormigón; el puente ha sufrido dos reconstrucciones parciales desde 2001.

INSPIRACIÓN

Con su empinada pasarela siguiendo la curva de los arcos, se cree que el diseño se inspiró en los puentes chinos similares. Probablemente provenga de un sacerdote de la dinastía china Ming, que se asentó en Japón y difundió los puentes de piedra de su país natal; o bien de un vano japonés ya existente, como el del puente Saruhashi, en Otuki.

Derecha: Junto con el cercano castillo de Iwakuni, el puente Kintai ha hecho de la ciudad de Iwakuni una atracción para turistas tanto japoneses como extranjeros.

190

Nombre	Puente Kintai
Ubicación	Iwakuni, Japón
Cruza	El río Nishiki
Tipo	Puente de madera de cinco arcos
Vano total	196 m
Ancho del piso	5 m
Finalizado	1673

Izquierda y derecha: El puente Kintai es famoso por el festival local que se celebra cada abril en el cercano parque Kikko. Este festival incluye un desfile a través del puente de los lugareños vestidos con trajes de samuráis, representando costumbres antiguas.

EXÓTICOS PUENTES DECORATIVOS

La moda del estilo japonés en Occidente derivó en parte de las estampas japonesas que aparecieron a finales del siglo XIX, tras la apertura del país nipón al mundo occidental, después de haber sido una sociedad cerrada hasta 1868. Se desarrollaron los jardines de inspiración japonesa, y con ellos los puentes peatonales de arcos de madera.

El gusto por instalar puentes exóticos en los jardines occidentales data del siglo XIX. El primer jardín japonés en Estados Unidos fue el del parque Golden Gate, a poca distancia al sur del puente Golden Gate (ver página 232). En él estaba la Villa Japonesa de la Exposición Universal de Invierno de California de 1894, que incluía elementos paisajísticos supervivientes como una pagoda, una casa de té y el puente Taiko-Bashi, realizado por Shinshichi Nakatani, un maestro japonés constructor de santuarios.

Una de las estampas más duraderas de un puente de estilo japonés es la que se encuentra en Giverny, Francia, en el jardín de la casa que en su día perteneció al impresionista Claude Monet. El pintor creó en su casa un jardín acuático, inspirado en las estampas japonesas que había visto, y tenía un pequeño puente de madera arqueado de estilo japonés. La pasarela seguía la misma curva del arco, y las barandillas de madera estaban pintadas de verde en lugar de el rojo típico japonés. El puente fue el tema de una serie de sus pinturas más conocidas.

Un caprichoso puente chino aparece en un diseño de cerámica decorada con motivos chinos popularizado desde finales del siglo XVIII por el ceramista inglés Thomas Minton. El puente de estilo chino también se dio aquí y allá en las fincas del país, como en Island Halle, en Godmanchester, Cambridgeshire, donde el «Puente Chino» data de 1827, aunque más tarde fue reconstruido. El parque Painshill, en Surrey, era una creación de principios del siglo XVIII realizada por Charles Hamilton, quien igual que muchos otros de su época creó un parque paisajístico dotado con elementos italianizantes, inspirados en su viaje por Europa, a los que añadió un puente chino. En todas partes las majestuosas viviendas inglesas favorecieron la arquitectura clásica en el diseño de puentes de parque durante esta época. El jardín paisajista Stowe tiene una casa de té china, pero el puente de 1742 está inspirado en la arquitectura del italiano Palladio, y copiado de uno anterior de Wilton House, cerca de Salisbury. El puente Palladio de Stowe fue adaptado para el uso de carruajes, de tal forma que era posible cabalgar por él al pasear por los jardines.

Debajo: El icónico puente japonés que es la pieza central del jardín acuático de la casa de Monet en Giverny. En un principio fue construido por un artesano local, y está cubierto con glicinias plantadas por el propio artista.

AUSTRALASIA

Izquierda: El concurrido mercado Kirribili, en Milsons Point, en el extremo norte del Sydney Harbour Bridge (puente de la bahía de Sídney), en Australia.

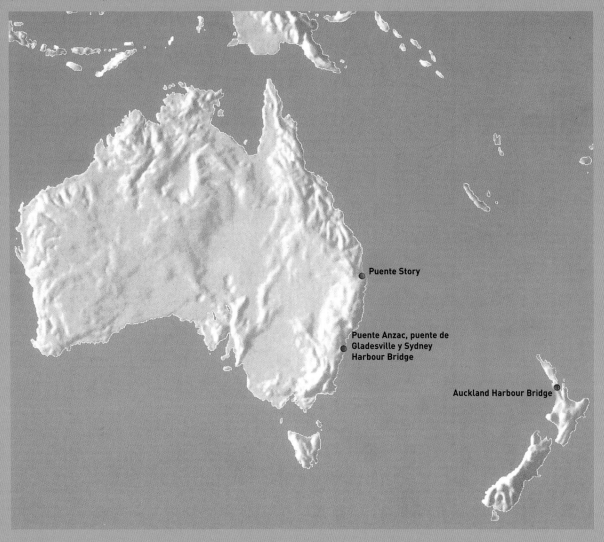

Puente Story

Puente Anzac, puente de Gladesville y Sydney Harbour Bridge

Auckland Harbour Bridge

PUENTE STORY

BRISBANE / **AUSTRALIA**

Al igual que el Sydney Harbour Bridge, el puente Story de Brisbane acaparó la imaginación de toda la ciudad durante la Gran Depresión y proporcionó un respiro ante las noticias que llegaban de la Segunda Guerra Mundial. En la actualidad sigue gozando de una gran estima.

UN SÍMBOLO DE PROGRESO

Como capital del Estado de Queensland y como la tercera ciudad más grande de Australia, Brisbane ya sufría los atascos del tráfico rodado en el centro de la ciudad en la década de 1920, cuando fueron propuestos una serie de nuevos puentes sobre el río Brisbane. El puente Story era el segundo de ellos, cuya construcción comenzó en 1935 como parte de un programa de obras públicas para mitigar el desempleo local. Durante esta época de dificultades económicas y descontento político generalizado, los puentes fueron vistos como algo más que simples proyectos de transportes. Su construcción podía ser un símbolo de esperanza y progreso y un foco para el orgullo de la ciudad. Además, a pesar de la Depresión, el desarrollo del tráfico de automóviles de Estados Unidos y

Australia ofrecía la promesa de aportar ingresos de peaje siempre en aumento provenientes de los puentes para carreteras, un incentivo mucho mejor para las autoridades de cara a lograr los fondos que se necesitarían para la construcción del puente. El modelo económico de financiar la construcción del puente con el peaje era ya viejo, pero volvió a parecer factible de nuevo en la década de 1930.

LA CONEXIÓN CON SÍDNEY

El diseñador del puente Story, John Bradfield (1847-1943), había sido el ingeniero jefe del Sydney Harbour Bridge y también había propuesto un proyecto de tren subterráneo para Sídney ya en 1915. Asímismo diseñó diques y trazó un ambicioso plan, nunca realizado, para regar el lado occidental de la Gran Cordillera

196

Derecha: Una de las grandes motivaciones que hubo detrás del puente era estimular la economía durante la Depresión. Casi todos los materiales constructivos eran australianos, y un 89 por ciento del coste total se gastó dentro del estado de Queensland.

PUENTE STORY

Divisoria de Australia desviando algunos ríos de Queensland. Pasó del Sydney Harbour Bridge a empezar a trabajar en el puente Story en 1934, y la construcción comenzó al año siguiente. Para Queensland fue una fuente de orgullo que cerca del noventa por ciento de los más de tres millones de dólares australianos que costó el puente fueran gastados dentro del Estado, y que más de cuatrocientas personas trabajaran en el puente durante los seis años que duró su construcción.

ESPERANZA Y CONTROVERSIA

La ceremonia de inauguración, en julio de 1940, proporcionó a Brisbane un respiro ante las noticias de la Segunda Guerra Mundial y fue celebrada con la presencia de numerosos dignatarios. Sin embargo, los líderes de la Iglesia protestaron porque no se había bendecido el puente y porque habían sentado al arzobispo al sol. El puente recibió el nombre de John Douglas Story

(1869-1966), un antiguo y destacado funcionario público de Queensland. Más de seiscientos mil peatones lo cruzaron en su primer día operativo y la cabina del peaje se vio desbordada por los coches que llegaban, hasta cuarenta por minuto.

UN FUTURO POSITIVO

El puente fue considerado un símbolo de los logros de las gentes de Queensland y una esperanza para el futuro después de la guerra. El primer ministro de Queensland vio la estructura como «un monumento a la visión, la iniciativa y la destreza ingenieril de nuestra gente» y John Bradfield comentó que «bajo el estímulo del puente, Queensland estaría en mejor posición para seguir adelante con la construcción de su propia nación después de la guerra». El puente apareció en las campañas de *marketing* que promovían Queensland y Brisbane como economías industriales y progresistas.

Nombre	Puente Story
Ubicación	Brisbane, Australia
Cruza	El río Brisbane
Tipo	Puente de cantilever
Función	Puente para carretera, y para peatones y bicis
Vano principal	282 m
Longitud	1.375 m
Gálibo	30,4 m
Inauguración	6 de julio de 1940
Diseño	John Bradfield

Actualmente el puente Story se ilumina por las noches y es un elemento central del festival anual Riverfire de Brisbane. Un *tour* para escalar el puente se inauguró en 2005 y fue un éxito inmediato, con la experiencia de dos horas y media del puente Story uniendo los puentes de los puertos de Sídney y Auckland como uno de los tres únicos puentes con licencia para escalar del mundo.

EL AUCKLAND HARBOUR BRIDGE

Por este puente de armadura de cajón de 1.021 m de longitud pasan seis carriles de tráfico entre Auckland y la ciudad de North Shore, Nueva Zelanda. Inaugurado en 1959, en poco tiempo se comprobó que sus cuatro carriles del principio no eran adecuados para las necesidades de los barrios periféricos en desarrollo de North Shore, y en 1969 fueron añadidas a cada lado unas extensiones especiales del piso de viga en forma de cajón para duplicar su capacidad. Fabricadas por una empresa japonesa, los habitantes de Auckland las apodaron los «enganches nipones». Con un programa de renovación en marcha, ahora existe presión pública para añadir más enganches y así poder ofrecer un cruce peatonal y para ciclistas –en la actualidad la única forma de acceder al puente sin un vehículo es formando parte de una escalada del puente o para dar un salto de *puenting*.

La experiencia de escalar el puente de Auckland fue desarrollada en 2001 por dos empresarios locales, uno de los cuales montó más tarde la Escalada del puente Story, en Brisbane. Vertiginosos pero seguros, estos

tours ya han sido probados por varios millones de personas. Los más intrépidos buscadores de emociones verdaderas ahora pueden disfrutar con el *puenting* en el Auckland Harbour Bridge y dar un salto de 40 m desde una «cama elástica» instalada debajo del piso de la carretera.

Debajo: El puente de la bahía de Auckland se alza 43 m por encima del agua, lo que quiere decir que los barcos pueden acceder a los puertos de aguas profundas, como el de la cercana refinería de azúcar de Chelsea.

PUENTE
DE GLADESVILLE

SÍDNEY / AUSTRALIA

El puente de Gladesville, uno de los tres triunfos destacados de
la ingeniería en las extensas aguas del puerto de Sídney, fue
pionero en el uso del hormigón y hasta la fecha es el arco de
hormigón de un solo vano más largo jamás construido.
Cronológicamente se encuentra casi equidistante entre el
Sydney Harbour Bridge (1935) y el puente Anzac (1995).

PUENTE DE GLADESVILLE

EL VIEJO PUENTE DE GLADESVILLE

En la época en la que el Departamento para Carreteras Principales (Department for Main Roads, DMR) tenía como objetivo impulsar a Sídney a la era del tráfico rodado, el viejo puente de Gladesville apenas resultaba apropiado. Acabado en 1881, simplemente contaba con dos carriles para el tráfico, que eran compartidos con los tranvías e incorporaba un puente giratorio que apenas era lo suficientemente ancho como para permitir que pasaran por él los barcos de carbón. Además tendía a atascarse cuando el calor dilataba el metal y había que rociarlo con agua para conseguir que volviera a la posición de cierre y que el tráfico lo cruzase; incluso entonces, las líneas del tranvía a menudo se salían del raíl.

LA SOLUCIÓN DEL HORMIGÓN

Se le encargó a la empresa londinense Maunsell & Partners la construcción de un nuevo puente con un gálibo excepcionalmente alto para permitir el paso de buques cisterna y otros barcos de gran tamaño. El primer proyecto era una clásica estructura en cantilever con armadura de acero. Sin embargo, se valoró como mejor solución la tecnología del hormigón pretensado, entonces recientemente desarrollada, y las condiciones topográficas

de la zona eran las ideales para los altos accesos que se requerían. El puente fue construido con cimientos de piedra arenisca y consistió en cuatro nervios arqueados, con seis carriles para el tráfico y dos arcenes en cada lado. Fue inaugurado en 1964 y ampliado hasta siete carriles en 1982.

TÉCNICAS VANGUARDISTAS

El diseñador del puente utilizó una idea vanguardista del arquitecto de puentes Eugène Freyssinet para quitar las cimbras de los arcos. Habría sido muy peligroso y difícil emplear el método tradicional de insertar cuñas en las cimbras sustentantes temporales y después quitarlas al final del proceso para liberar la estructura del arco en sí. Por tanto, los bloques huecos de cada nervio del arco fueron transportados mediante barcazas, elevados y transferidos a la cimbra de acero y descolgados en cada lado. Una vez colocados los bloques, se hincharon las juntas dentro de los bloques con un fluido hidráulico –que tenía el efecto de levantar el arco del encofrado y posibilitar que se sustentase por sí solo.

Entonces se quitaron las cimbras y se prepararon para el siguiente nervio del arco. Después, se unieron todos los nervios con cables, tensados juntos y hormigonados. Los nervios también tenían cables sujetos, pero parece ser que eran superfluos; en

palabras de un trabajador de la construcción «eran una pequeña broma... Pensé que eran simplemente para salvar las apariencias y no pensé que hicieran demasiado bien... hacían sentirse mejor a la gente». En el mismo lugar se montó un laboratorio especial para analizar el hormigón comprobando las capacidades de carga y controlando su calidad: los altos objetivos de resistencia no tenían precedentes.

PERSEVERANCIA

Hicieron falta seis años para acabar las obras del puente; el retraso se debió en parte a las huelgas sindicales y a la confusión financiera del principal contratista, que declaró suspensión de pagos. Pero los trabajadores sabían que aquel proyecto era especial. Poco después de la inauguración del puente, la revista del gremio *Concrete Quarterly* escribió que «la milla en cuatro minutos era cosa de corredores... los 305 m de vano han sido desde hace mucho cosa de los diseñadores de puentes de hormigón». Se achacó a su pendiente escarpada la responsabilidad de numerosos accidentes de tráfico, pero en general había sido un éxito: la estructura resultó ser apta para su cometido y además requería un mantenimiento mínimo. En 1990 el puente fue declarado patrimonio nacional.

Nombre	Puente de Gladesville
Ubicación	Sídney, Australia
Cruza	El río Parramatta
Tipo	Puente de arco de hormigón armado
Función	Puente para autopista
Vano principal	305 m
Longitud	488 m
Gálibo	40,7 m
Inauguración	1964
Diseño	Maunsell & Partners

Izquierda: El puente de Gladesville, el arco de hormigón de un solo vano más grande del mundo, fue construido con un gálibo extremadamente alto anticipándose al mayor tamaño de los futuros buques de alta mar.

Derecha: El puente de Gladesville (en primer plano) salva el río Parramatta, mientras que el Sydney Harbour Bridge, hacia el Este (arriba a la izquierda), conduce el tráfico entre el centro financiero y la orilla norte de Sídney.

SYDNEY HARBOUR BRIDGE

SÍDNEY / **AUSTRALIA**

El puente de vano largo más ancho del mundo, esta inmensa construcción de un solo arco de acero, es el famoso monumento que define a Sídney, junto con la cercana Opera House, y es uno de los símbolos imperecederos de Australia. Se inspiró en el Hell Gate de la ciudad de Nueva York y, al ser terminado en 1932, fue reconocido casi por unanimidad como lo último en diseño moderno de puentes.

PRIMERAS PROPUESTAS

La creación de un puente sobre las aguas sujetas a las mareas del puerto de Sídney se alargó hasta el extremo. Primero fue sugerida por Francis Greenway, un presidiario, en 1815, y más tarde, en ese mismo siglo, se propusieron otros planes. Construir un puente de mampostería, madera o hierro fundido se consideraba demasiado costoso y difícil de conseguir, pero con la llegada del acero prefabricado y el hormigón armado el proyecto se hizo realidad finalmente. En 1890 una comisión real buscó la solución para reducir el tráfico de los ferris; se necesitaron otros 21 años antes de que John Bradfield fuese nombrado ingeniero jefe del proyecto. Éste

Nombre	Sydney Harbour Bridge
Ubicación	Puerto de Sídney / Port Jackson, Australia
Cruza	El puerto de Sídney
Tipo	Puente de un único arco
Función	Para carretera y ferroviario
Vano	503 m
Longitud	1.149 m
Gálibo	52,4 m con marea baja
Inauguración	19 de marzo de 1932
Diseño	John Bradfield y Ralph Freeman

presentó su diseño de un puente de un único arco en 1916, pero con la irrupción de la Primera Guerra Mundial, las obras no empezaron hasta 1922.

Bradfield optó por un diseño de arco de doble batiente lo bastante fuerte y duradero para su cometido. El arco soporta el peso del piso, y los batientes de cada extremo soportan el peso total del puente y lo descargan sobre los cimientos, permitiendo que el acero se expanda y contraiga con los cambios de temperatura.

EL PULMÓN DE HIERRO

El contrato para la construcción fue concedido a Dorman Long and Co., de Middlesbrough, Inglaterra (también responsable del puente Tyne, en Newcastle, sobre el Tyne), con Ralph Freeman como ingeniero consultor. En estos años en plena Depresión el proyecto tenía que beneficiar a la economía australiana, así que se estipuló que siempre que fuera posible los materiales tenían que proceder de Nueva Gales del Sur y que se contrataría a la gente del lugar. El caso fue que el 79 por ciento del acero se fabricó en Middlesbrough y que se importaron algunos trabajadores especializados, pero ciertamente la

construcción del puente estimuló la economía nacional. Se le llamó el Pulmón de Hierro porque fueron contratados 1.400 trabajadores de la época de la Depresión; sin embargo, una vez acabado el puente, muchos tuvieron que afrontar un largo período sin trabajo.

También se le conoce como «La percha» y por él pasa la concurrida carretera que va a Bradfield, dos líneas de ferrocarril que forman parte de la red de metro de la ciudad, un carril bici y un carril peatonal, y, hasta 1958 también el tranvía pasaba por encima de él.

LA ESTRUCTURA

El piso de hormigón se tiende sobre vigas colocadas a lo largo, que descansan a su vez sobre vigas cruzadas de acero. El arco único de unas treinta y nueve mil toneladas de peso se eleva 134 m por encima del nivel principal del mar. Unos seis millones de remaches, hechos en el Park Bridge Ironworks de Lancashire, Inglaterra, fueron clavados a mano en toda la estructura, que necesitó unos ochenta mil litros de pintura para cubrir una superficie equivalente a sesenta campos de fútbol. Los cuatro pilares son más decorativos que funcionales, y

Derecha: La vista desde Milson's Point, en el extremo norte del puente, abarca el horizonte de Sídney y las torres de oficinas del centro financiero de la ciudad.

SYDNEY HARBOUR BRIDGE

Arriba: El extremo sur en construcción, en 1929. Dos equipos separados empezaron el arco a cada extremo del puente, con el extremo sur trabajando con un mes de adelanto, de tal forma que los errores pudieran ser remediados en el lado norte.

tienen un acabado de granito extraído de Moruya, en la costa de Nueva Gales del Sur, donde se montó un asentamiento temporal de canteros australianos, escoceses e italianos. Los trabajos comenzaron en 1923, y una vez que se levantaron los vanos de acceso se comenzó con el vano principal, en 1928. Éste consta de dos secciones, fabricadas en unos talleres que se montaron en Milsons Point, en la orilla norte de Sídney, que después fueron remolcadas mediante barcazas y, más tarde, levantadas con grúas eléctricas, y unidas, en 1930. Los túneles de anclaje fueron excavados en la roca para asegurar los cables sustentadores.

INAUGURACIÓN Y PROTESTA

El día de la inauguración oficial, el sábado 19 de marzo de 1932, congregó a una gran multitud, que se calcula entre unos trescientos mil y un millón de personas. Desfiles, bandas y una cabalgata fomentaron el clima de fiesta, que fue aguado por el capitán Francis De Groot, un paramilitar de extrema derecha de una organización que se llamaba a sí misma la

Nueva Guardia. Éste cargó a lomos de su caballo y, sin que nadie pudiera impedírselo, cortó con su espada antes del tiempo la cinta y declaró: «En el nombre de los ciudadanos decentes y leales de NSW, declaro inaugurado este puente», antes de la inauguración oficial del primer ministro Jack Lang, para júbilo de algunos e indignación de otros. Se le impuso una multa de 5 libras y, desde entonces, forma parte del folclore australiano.

ATRACCIÓN E ICONO

En 1988 se acabaron de recuperar los costes de la construcción del puente gracias a los ingresos obtenidos por los peajes, y ese mismo año se permitió al público por primera vez escalar a lo largo de pasarelas, escaleras arriba, hasta lo más alto del puente, una experiencia que se convirtió en atracción turística. Para facilitar la circulación del tráfico a través del puente, en 1992 se terminó el Sydney Harbour Tunnel. El dinero generado por el puente y el peaje del túnel sigue financiando el mantenimiento y los trabajos de reparación.

Derecha: Por el piso del puente pasan los seis carriles de la autovía Bradfield, más corta de Australia, con sus 2,4 km. Otros dos carriles soportan la autopista Cahill solo en dirección sur.

PUENTE ANZAC

Inaugurado en 1995 como el puente de la isla Glebe, es otra de las asombrosas estructuras históricas de Sídney, que conecta el centro de la ciudad con los barrios occidentales. Por él cruzan ocho carriles de la autopista y un camino muy ancho compartido por peatones y ciclistas. Con su vano central de 345 m es el puente atirantado más largo de Australia, y casi el más grande de este tipo en todo el mundo. Los pilonos de hormigón se alzan 120 m.

Un Día del Recuerdo, en 1998, el puente fue rebautizado como puente Anzac en honor de los soldados del ejército australiano y neozelandés (Australian and New Zeeland Army Corps, ANZACs que

sirvieron en la Primera Guerra Mundial. Las banderas de Australia y Nueva Zelanda ondean en cada uno de los pilonos, y en el extremo occidental una estatua de un soldado australiano, o «Digger», y de un soldado neozelandés flanquean la calzada. Se colocó a los pies del Digger un puñado de arena procedente de Gallípoli, Turquía, en recuerdo de los que murieron en acto de guerra en la batalla de Gallípoli.

Debajo: El puente Anzac soporta la autopista Western Distributor que sale del centro de negocios de Sídney. Cruza la bahía Johnstons entre las afueras de Sídney y Pymont y Rozelle.

AMÉRICA DEL NORTE

Izquierda: La maratón de la ciudad de Nueva York comienza en la isla Staten, cerca del acceso al puente Verrazano-Narrows.

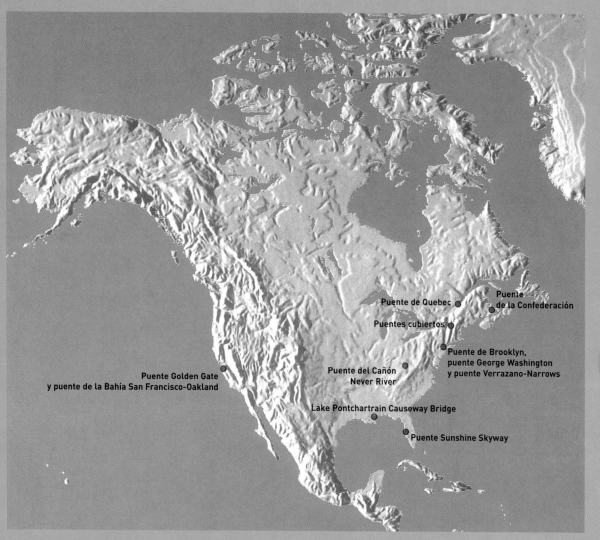

Puente de Quebec

Puente de la Confederación

Puentes cubiertos

Puente de Brooklyn, puente George Washington y puente Verrazano-Narrows

Puente del Cañón Never River

Puente Golden Gate y puente de la Bahía San Francisco-Oakland

Lake Pontchartrain Causeway Bridge

Puente Sunshine Skyway

PUENTE DE LA CONFEDERACIÓN

PORT BORDEN E ISLA DEL PRÍNCIPE EDUARDO / **CANADÁ**

La conexión entre la Isla del Príncipe Eduardo y New Brunswick requería construir el puente sobre aguas cubiertas de hielo más largo del mundo. Algo que resulta una atracción turística de pleno derecho y que trajo nueva prosperidad a la isla.

EL PLANTEAMIENTO

Desde que la Isla del Príncipe Eduardo se convirtió en provincia de Canadá, en 1873, se hablaba de construir una conexión fija con el continente a través del punto más angosto del estrecho de Northumberland, que permanece congelado durante cinco meses al año. En el siglo XIX, barcos de vapor regulares cruzaban el estrecho, y en invierno los marineros remaban en los *ice-boat* y se abrían camino entre tramos congelados, transportando pasajeros y mercancías. Era un modo de cruzar traicionero y peligroso, y la cuestión de la conexión fija se convirtió en un asunto de las elecciones federales. Los proyectos presentados en las décadas de los cincuenta y sesenta del pasado siglo incluían un paso elevado a través de Abegweit Passage, y un túnel o un puente a través del resto del estrecho. Este proyecto fue rechazado con el argumento de que dificultaría la navegación, y que el cierre de una parte del estrecho haría que aumentasen las corrientes de la marea.

Cuando en 1988 los isleños votaron sobre la cuestión de la conexión fija, sobrevino un intenso debate público. Muchos temían que se perdieran puestos de trabajo entre los trabajadores de los ferris, así como los efectos que acarrearía sobre la pesca industrial; y también existía cierta preocupación acerca de si un puente aguantaría en pie las embestidas del hielo y el viento. Pero la mayor parte de la población estaba a favor.

INNOVACIÓN ARQUITECTÓNICA

El caso es que, en 1993, se comenzó uno de los puentes continuos de múltiples vanos más largos del mundo, y se terminó en tres años y medio en condiciones de prueba extremas, utilizando hormigón de alto grado particularmente duradero y acero reforzado para los componentes prefundidos con objeto de proporcionarle una vida útil estimada en más de cien años. Por la estructura pasan un par de carriles de tráfico y está sustentada por 62 pilares de hormigón. Los pilares fueron especialmente fundidos con conos bordeando las bases para que actuaran como escudos contra el hielo, levantándolo y haciendo que se rompa bajo su propio peso. El vano principal es más alto que los demás para permitir la navegación. Debido a sus 12,9 km de longitud, el puente está ligeramente curvado para fomentar una mejor conducción y mayor atención de la que se prestaría en una carretera recta.

REPERCUSIONES ECONÓMICAS

Los críticos afirman que la inauguración del puente de la Confederación ha erosionado irremediablemente el estilo de vida de la Isla del Príncipe Eduardo. Sin embargo, trajo consigo beneficios económicos tangibles. La actividad económica de la isla se incrementó apreciablemente tras la inauguración del puente, en 1997, con un notable aumento de la fortuna de los cultivadores de patatas y los pescadores locales, y también se abrieron nuevos negocios de venta al por menor. El turismo se incrementó un 50 por ciento en un año, aunque después ha decaído un poco.

Nombre	Puente de la Confederación
Ubicación	Port Borden e Isla del Príncipe Eduardo, Canadá
Cruza	El estrecho de Northumberland
Tipo	Puente de viga en cajón de hormigón de múltiples vanos
Función	Puente para carretera
Vano principal	250 m
Longitud	12,9 km
Gálibo	60 m, el vano principal
Inauguración	1997
Diseño	J. Muller International y Stantec

Derecha: El puente conecta las provincias canadienses Isla del Príncipe Eduardo y New Brunswick. Se tardan diez minutos en cruzarlo en coche. Contribuye a llevar cada año unos novecientos mil visitantes a la isla.

PUENTE DE QUEBEC

QUEBEC / **CANADÁ**

Más de noventa años después de su finalización y ahora junto al puente colgante más largo de Canadá (el Pierre Laporte), el de Quebec sigue siendo el puente en cantilever más largo del mundo. Sin embargo la tragedia marcó la historia de su construcción.

LAS POSIBILIDADES DEL CANTILEVER

La idea de construir un puente sobre el río San Lorenzo para reemplazar el ferri había sido discutida desde la década de 1850, pero lo que estaba claro era que el gálibo y el vano tendrían que ser enormes para que la estructura permitiese el paso de los transatlánticos. La solución se hizo realidad con el principio del cantilever, que había resultado un éxito en el puente Forth (ver página 138). Sin embargo, el proyecto estaba plagado de errores humanos que tuvieron fatales consecuencias en dos ocasiones.

LA APLICACIÓN DE UN PRINCIPIO

El aclamado ingeniero neoyorquino Theodore Cooper (1839-1919) tenía tres proyectos importantes de ingeniería civil a

su nombre, incluido el puente de St. Louis (acabado en 1874), cuando abordó éste, la más grande y prestigiosa misión de toda su carrera. Era necesario un vano más largo que el del puente Forth, y por tanto sería el puente más largo del mundo. Cooper amplió el plan original de un vano central de 488 m con vanos laterales de 183 m, en 61 m. Esta longitud extra se creó llevando los pilares hacia tierra firme, y por lo tanto reduciendo su profundidad inicial y logrando un ahorro en el coste total del proyecto. La Phoenix Bridge Company fue contratada para construir el puente. Sin embargo, se ahorraron gastos en el diseño preliminar y en las pruebas, y la salud enfermiza de Cooper le impidió estar presente durante mucho tiempo. Lo peor de todo fue que nadie osó desafiar los cálculos del gran

Derecha: Hoy en día, al puente de Quebec sobre el río San Lorenzo le acompaña el puente Pierre Laporte (1970). Por su vecino más nuevo cruzan seis carriles de tráfico frente a los tres carriles del viejo puente.

hombre. Otros problemas contribuyeron también a la inminente catástrofe del puente de Quebec.

Se produjo un retraso crucial al llevarle los dibujos a escala a Cooper, quien no los recibió hasta que las obras estuvieron empezadas. Él se dio cuenta de que el vano más largo cargaría el puente con unos ocho millones de libras más de lo que se había estimado al principio, pero en lugar de empezar de nuevo –tan deseoso estaba de erigir la estructura de este tipo más grande del mundo–, confió en que esta diferencia estaba dentro de los márgenes de

Nombre	Puente de Quebec
Ubicación	Quebec, Canadá
Cruza	El río San Lorenzo
Tipo	Puente de armadura en cantilever
Función	Puente para carretera y ferroviario
Vano principal	549 m
Vano colgante	195 m
Inauguración	1917

Izquierda: El *SS Melita* navega bajo el puente Quebec cerca del punto donde, solo unos años antes, el vano central se derrumbó sobre el río San Lorenzo cuando estaba siendo elevado hasta su posición.

seguridad. Se esperaba que el príncipe de Gales (más tarde, el rey Jorge V) inaugurase el puente en 1908, y cualquier retraso en la construcción habría causado importantes problemas para lo que debía haber sido el mayor triunfo de Cooper.

EL PRELUDIO DE LA CATÁSTROFE

El 15 de junio de 1907, un ingeniero notó que dos vigas no estaban alineadas. Cooper opinó que no se trataba de algo «serio»; dos meses más tarde un informe decía que las vigas parecían combadas y que el alineamiento no era correcto.

El 27 de agosto, el ingeniero de obra Norman McLure percibió que las vigas se habían movido «un par de pulgadas» durante el fin de semana y que cada vez era más obvio que estaban combadas. McLure fue a Nueva York a hablar con Cooper en persona: la llamada telefónica aparentemente no era una opción porque Cooper tenía una línea compartida y las noticias potencialmente devastadoras podrían llegar a oídos comprometedores. Pero se produjo una confusión en relación con la orden de paralizar las obras, y la construcción continuó sin supervisión, y el peso de las secciones de acero ejerció demasiada presión sobre los brazos del cantilever. Mientras McLure regresaba

desde Nueva York, el 29 de agosto, el brazo sur y parte de la sección central se derrumbaron sobre el río San Lorenzo. De los 85 hombres que trabajaban en la estructura (a un cuarto de hora de concluir su jornada laboral) solo sobrevivieron 11 a la catástrofe, que dejó detrás una masa de hierro destrozada y de aspecto frágil. Aquello fue el final de la carrera de Cooper.

UN NUEVO PUENTE

El segundo intento de construir el puente suponía un cambio de diseño, con una armadura central más ancha, y una cantidad de acero dos veces y media superior. El vano colgante de 195 m era casi el doble de largo que el del puente ferroviario Forth. Se realizaron meticulosas comprobaciones para asegurarse de que esta vez los materiales eran lo bastante fuertes; los estribos se hicieron más grandes y de una aleación de acero y níquel en lugar de acero al carbono. Sin embargo, una fundición falló en uno de los cuatro brazos cuando se estaba levantando el vano central hasta su posición. La estructura solo había sido levantada 3,5 m cuando se deslizó y cayó al río, llevándose por delante la vida de otros 11 trabajadores. Finalmente, un año más tarde, un nuevo vano central fue colocado con éxito.

GALOPANTE GERTRU

Otra de las célebres catástrofes ocurridas en puentes de América del Norte fue la del Tacoma Narrows, en el Estado de Washington, un puente colgante de viga plana diseñado por Leon Moisseiff e inaugurado en julio de 1940. Atractivo y esbelto, pronto se ganó el sobrenombre de «Galopante Gertru» a causa del alarmante bamboleo y el movimiento ondulante del piso principal, un movimiento que incluso una ligera brisa podía provocar. Las ondulaciones a menudo eran tan grandes como para crear hondonadas al paso de los vehículos. Los ingenieros creyeron haber dado con una solución al problema y añadieron más tirantes. Sin embargo, el 7 de noviembre de 1940, un viento de 68 km/h le propinó el toque de gracia. Aerodinámicamente incapaz de afrontar esas condiciones, el puente se agitó, se retorció y se desintegró; aunque parezca increíble sin más bajas que la del perro de un automovilista. Un cámara estaba allí grabándolo todo para la posteridad.

Derecha: El puente Tacoma Narrows en su violento final antes del derrumbe. *Tubby*, el cocker spaniel que obedientemente se negó a abandonar el puente, fue la única víctima de la catástrofe.

PUENTES CUBIERTOS

A su manera, bastante humilde y subestimada, los puentes de madera cubiertos, en sus numerosos colores y formas, casi han llegado a caracterizar las pequeñas ciudades de Norteamérica. Construidos a lo largo de todo el siglo XIX y a principios del XX, y localizados en carreteras secundarias donde aún son utilizados por el tráfico, muchos han caído en el descuido y de no ser por el entusiasmo de los conservacionistas locales podrían haber desaparecido.

Nombre	Puente de Hartland
Ubicación	Hartland, Canadá
Cruza	El río St. John
Tipo	Puente de madera cubierto
Función	Puente para carretera
Longitud	390 m
Acabado	1921
Diseño	Harland Bridge Company

LAS NECESIDADES DE EXPANSIÓN

Tras la Declaración de Independencia de los Estados Unidos, en 1776, la nueva nación comenzó su expansión hacia el Oeste en lugar de centrar sus actividades en la costa este y el comercio con Europa. Surgió la necesidad de cruzar grandes ríos y en consecuencia se produjo un torrente de construcción de puentes. Muchos artesanos de aquella época de pioneros habían traído consigo el conocimiento de las técnicas de carpintería europeas y recurrieron a su abundante suministro de madera para construir puentes –Estados Unidos era una nación apenas industrializada en ese momento, y hasta la década de 1840 no se utilizaron elementos de hierro en los puentes–. Se cree que el primer gran puente de madera fue construido por Enoc Hale, en 1785, sobre el río Connecticut, en Bellows Falls, Vermont. Se extiende a través de 90 m, con un pilar central de madera sobre una isleta. Existió hasta 1840.

EL PRIMER PUENTE CUBIERTO

La idea fundamental al cubrir un puente era proteger la propia estructura de madera de los elementos. Las estructuras cubiertas también tapaban la vista y así se prevenía que las caballerías y el ganado se asustasen al cruzar el río. En 1805, Timothy Palmer, de Connecticut, construyó el primer puente cubierto en Estados Unidos. Se trataba de un triple vano de madera, el Puente Permanente, sobre el río Schuylkill, en Philadelphia –el lugar donde el filósofo y político Thomas Paine propuso un puente de hierro (ver página 122)–. Un miembro de la compañía del puente, Judge Richar Peters, había sugerido que éste duraría más si se le cubría con un techo. La cuestión es que el puente duró 70 años, hasta que un incendio lo destruyó en 1875.

Un año después, Palmer construyó su siguiente puente cubierto entre Easton, Pensilvania, y Phillipsburg, en Nueva Jersey. Pronto, los puentes cubiertos comenzaron a aparecer por todo el noreste, y finalmente a través de todos los Estados Unidos y Canadá. Se desarrollaron unos veinte diseños distintos de armadura, los más tempranos basados en una sencilla armadura con pendolón (un modelo desarrollado a partir de las técnicas de construcción con armazón de madera, con un pendolón vertical entre dos soportes diagonales). Los diseños posteriores permitían lograr vanos más grandes, y algunos recibieron el nombre de su inventor. La armadura de celosía Town, que apareció a partir de 1820, era una simple celosía que podía ser rápida y fácilmente ensamblada, mientras que la armadura Burr (1815) combinaba una armadura con dos

Izquierda: El puente cubierto más largo del mundo, en Hartland, en realidad fue construido como una estructura sin cubrir, en 1901. El techo se añadió en los trabajos de reparación estructurales en la década de los años veinte.

arcos que se apoyaban sobre los contrafuertes.

CONSERVACIÓN Y NOSTALGIA

De los miles de puentes cubiertos que se erigieron, solo unos cuantos han sobrevivido a décadas de abandono y daños intencionados: el hecho de que aún existan cientos se debe en gran medida al esfuerzo coordinado de grupos de aficionados que han deseado conservarlos. La Sociedad Nacional para la Conservación de los Puentes Cubiertos, fundada en 1950, salvó a muchos de ser demolidos y publica una lista mundial de todos estos tipos de puentes, un buen número de los que permanecen en Estados Unidos están registrados en el Catálogo Nacional de Lugares Históricos. Una vez que la opinión pública cambió, las autoridades de las carreteras regionales fueron persuadidas, y se aceptó que los puentes cubiertos debían ser conservados, en principio, utilizando materiales tradicionales. Aún así, el deterioro continuó. En 1959, en Estados Unidos quedaban 1.344 puentes de madera cubiertos del siglo XIX y principios del XX; en el transcurso de 30 años, cerca de una tercera parte se perdieron porque fueron demolidos, abandonados o incendiados intencionadamente.

Durante la década de los noventa, la popular novela *Los puentes de Madison*, de Robert James Waller (1992, que más tarde llegó a la pantalla con Clint Eastwood y Meryl Streep, en 1995) conquistó y afianzó

el nostálgico y romántico aprecio del público por los puentes cubiertos. Eastwood encarnaba a un fotógrafo que tomaba fotos de puentes cubiertos en Iowa para la revista *National Geographic* en 1965. Seis de los diecinueve puentes cubiertos que hubo en origen en Madison existen aún hoy, y todos ellos están incluidos en el Catálogo Nacional de Lugares Históricos.

En Nueva Inglaterra, Vermont cuenta con la concentración más rica en puentes cubiertos. El más largo de Estados Unidos cruza 151 m desde Vermont hasta New Hampshire, entre las ciudades de Windsor y Cornish. Pensilvania es el Estado que más puentes cubiertos tiene (más de doscientos), mientras que el puente cubierto más largo del mundo es el puente Hartland, sobre el río St. John, en Harland, New Brunswick (Canadá), que salva 390 m. Inaugurado en 1901, fue nombrado Lugar Histórico Nacional en 1980. El puente cubierto más largo se extendía 1.955 m sobre el río Susquehanna, entre Columbia y Wrightsville, Pensilvania.

ALREDEDOR DEL MUNDO

Algún colono del Nuevo Mundo pudo haber visto puentes cubiertos construidos con anterioridad en Europa. Los primeros ejemplos incluyen el Kapellbrücke, en Suiza (ver página 106), el Lovech, en Bulgaria (construido en 1874 y reconstruido en 1982), y el Ponte Coperto, en Pavia, Italia (construido en 1354, y reemplazado tras los daños que le provocaron los aliados durante la Segunda Guerra Mundial). Sin embargo es poco probable que hubiesen visto versiones más elaboradas que aún se pueden encontrar en China, en particular, en las provincias de Guizhou y Fujian, donde algunos puentes ostentan espectaculares estructuras de múltiples tejados.

Izquierda: El puente de armadura de celosía Town de Henniker, New Hampshire, fue construido en 1972 por Milton Graton, utilizando métodos tradicionales. Con casi 42 m de longitud, este puente salva el río Contoocook.

Derecha: El puente cubierto de Sachs fue utilizado por el ejército confederado en retirada tras la batalla de Gettysburg, en 1863. Ha estado cerrado a todo tipo de tráfico desde 1968 y fue catalogado en 1980.

Nombre	Puente cubierto Sachs
Ubicación	Gettysburg, Pensilvania, Estados Unidos
Cruza	El arroyo Marsh
Tipo	Puente de madera cubierto
Función	Puente para carretera (en desuso)
Longitud	aprox. 30 m
Acabado	1852
Diseño	David S. Stoner

PUENTE GEORGE WASHINGTON

NUEVA YORK Y NUEVA JERSEY / **ESTADOS UNIDOS**

El arquitecto suizo Le Corbusier admiraba enormemente la estética de maquinaria de este puente, «el puente más bonito del mundo». Unos quince años después de su inauguración el arquitecto escribió: «Es el único lugar agraciado en la desordenada ciudad… las dos torres se alzan tan alto que te da felicidad».

UNA INCORPORACIÓN MAJESTUOSA AL HORIZONTE DE LA CIUDAD

Este puente colgante de acero, anclado mediante la gravedad, de doble piso, que une el lado occidental de Manhattan con Nueva Jersey, es uno de los más transitados del mundo y da servicio a las autovías I-95, US-1 y US-9, con un tráfico de unos trescientos mil vehículos al día. En el momento de su construcción, el vano principal era el doble de largo que cualquier otro vano principal de puente colgante del mundo.

En un primer momento se le bautizó como puente del Río Hudson, y al poco tiempo se le conoció de forma informal como el puente GW, el GWB o el George. Durante seis años fue el puente colgante más largo del mundo, hasta que en 1937 fue inaugurado el puente Golden Gate de San Francisco (ver página 232).

Las torres de 183 m de altura contienen más de cuarenta y tres mil toneladas de acero y fueron una prominente y majestuosa incorporación al horizonte de la ciudad de Nueva York, al igual que muchos rascacielos. En un principio se pretendió que estuvieran revestidas de hormigón con

un revocado de granito, pero finalmente se dejaron con su forma de acero al desnudo; una forma que no obstante se ganó el aprobado general por su apariencia y porque suponía un ahorro de dinero en aquéllos duros tiempos que siguieron al Crack de la Bolsa de Nueva York de 1929.

OTHMAR AMMANN

En 1906, los gobernadores de Nueva York y Nueva Jersey habían propuesto un puente aquí, sobre el río Hudson, entre la calle 179, en Manhattan, y Fort Lee, en un punto relativamente estrecho. Diez años más tarde, Gustav Lindenthal presentó la idea de un puente ferroviario desde el centro de Manhattan hasta Nueva Jersey, pero Othmar Ammann –quien se convirtió en el ingeniero jefe de la Autoridad Portuaria biestatal– argumentó que este plan era excesivamente caro y que sería demasiado difícil realizarlo en medio del congestionado centro de Manhattan. El propio proyecto de Ammann de un puente para carretera iba a ubicarse entre dos puntos altos de las orillas de Manhattan y Nueva Jersey que proporcionaban un gálibo adecuado para los barcos. El ingeniero encontró apoyo en el

gobernador George Silzer de Nueva Jersey, y la aprobación fue dada con Ammann como diseñador del puente e ingeniero jefe, con la asistencia del arquitecto Cass Gilbert, cuyo trabajo más famoso en Nueva York fue el edificio Woolworth.

Nombre	Puente George Washington
Ubicación	Nueva York y Nueva Jersey
Cruza	El río Hudson
Tipo	Puente colgante
Función	Puente para autopista y peatonal
Vano principal	1.067 m
Longitud	1.451 m
Gálibo	65 m
Inauguración	1931
Diseño	Othmar H. Ammann, asistido por Cass Gilbert

Derecha: El puente cruza el río Hudson y conecta la zona de Washington Heights de Manhattan, en Nueva York, con Fort Lee, en Nueva Jersey. En el puente se encuentran cuatro carreteras: la I-95, la US 1, la US 9 y la US 46.

PUENTE GEORGE WASHINGTON

RESISTENCIA CONTRA EL PESO

Aunque el diseño recurría a cables de suspensión convencionales y esbeltas torres de acero, presentaba una novedad radical: prescindir de las armaduras rigidizantes que habían sido utilizadas en anteriores puentes colgantes para soportar cargas enormes, como las del ferrocarril. La tecnología del acero había avanzado hasta tal punto que Ammann vio que el armazón de acero sería adecuado para cargar con las cargas vivas y muertas. Calculó que el peso del piso y de los propios cables proporcionaba suficiente resistencia al viento. La solidez del puente de Ammann quedó demostrada en 1965,

cuando un avión privado chocó contra él, dejando afortunadamente al piloto y al puente indemnes, justo un año después de la inauguración del último puente de Ammann en Nueva York, el Verrazano-Narrows (ver página 226).

La construcción, llevada a cabo en los difíciles años de la Gran Depresión, progresó a buen ritmo, aunque 12 trabajadores perdieron la vida; y fue terminada el 25 de octubre de 1931, ocho meses antes de lo previsto. Un elemento previsor del diseño fue la inclusión de un espacio para un piso extra de armadura rigidizada que podría añadirse cuando

aumentase el tráfico de vehículos. Este piso adicional fue debidamente insertado a unos cuatro metros y medio por debajo del piso original, en 1962, 31 años después de la inauguración del puente. Los trabajos de construcción comenzaron en 1959 y se mantuvieron fieles al diseño original; fueron realizados sin interrumpir el tráfico de los ocho carriles del piso de arriba, levantando desde el río las 76 secciones de acero estructurales. El piso adicional incrementó la capacidad del puente en un 75 por ciento, haciendo de él el único puente colgante del mundo con 14 carriles.

EL FARO Y EL PUENTE

Debajo del arco superior de la torre de Nueva Jersey ondea al viento la bandera americana más grande del mundo, con unas medidas de 18 x 27 m; aproximadamente sus franjas miden un metro y medio de anchura y el diámetro de las estrellas más de un metro. Cuando el tiempo lo permite, la bandera se enarbola en ocho días festivos. Debajo de la torre de Manhattan se halla un pequeño faro, erigido en Nueva Jersey en 1880 y en su emplazamiento actual en 1921, que operó durante 26 años. En 1951 se propuso su demolición, lo que causó una oleada de protestas entre el público, que lo recordaba de una perenne historia infantil popular de Hildegarde Swift, *The Little Red Lighthouse and the Great Gray Bridge* (El pequeño faro rojo y el gran puente gris, 1942). Hoy en día se conserva como monumento histórico de la ciudad de Nueva York y está incluido en el Catálogo Nacional de Lugares Históricos.

Exactamente medio siglo después de su inauguración, en 1981, el puente George Washington fue nombrado Monumento Histórico Nacional de la Ingeniería Civil.

Izquierda: Se calcula que en 1932 (su primer año completo operativo) cruzaron esta estructura de un piso 5,5 millones de vehículos. Hoy en día, lo cruzan aproximadamente 108 millones de vehículos al año.

Derecha: El puente colgante de doble piso cuenta con ocho carriles que cruzan por el piso superior, mientras que el piso inferior, inaugurado en 1962, da cobijo a seis carriles. Un arcén permite el paso de peatones y ciclistas.

PUENTE DE BROOKLYN

NUEVA YORK / **ESTADOS UNIDOS**

El puente de Brooklyn es un monumento histórico de Nueva York tanto como la Estatua de la Libertad o el edificio Empire State. Este logro arquitectónico y estructural –fue el puente colgante más grande del mundo durante sus primeros veinte años de existencia– se cobró muchas vidas durante su construcción, incluida la de quien lo diseñó.

UNA AERODINÁMICA FORTUITA

El puente cuenta con una acera elevada, una carretera de cuatro carriles y una vía de tren elevada; que dejó de funcionar en 1944. Cuatro enormes cables de 38 cm de anchura sujetan la carretera y las vías del tren a buena altura sobre el río. Las torres góticas de granito y piedra caliza de 90,5 m con sus pórticos arqueados sujetan los cables mediante sillines en la parte alta de cada torre y ayudan a absorber la carga y el desplazamiento que el viento, el tráfico y la temperatura causan en la estructura. Un total de 15.200 tirantes verticales están ensartados en el suelo del puente, con 400 cables diagonales irradiando desde las torres. Se utilizaron más de veintitrés mil kilómetros de alambre para los cables. El uso de una estructura de armadura rigidizada hace que el puente soporte cualquier viento transversal; una característica que fue más fruto del azar que de un diseño premeditado, ya que la aerodinámica de los grandes puentes como éste era un aspecto de la ingeniería que todavía no se conocía cuando fue construido.

Hasta que el puente de Brooklyn fue terminado en 1883, el ferri era el único modo para cruzar entre Manhattan y Brooklyn. El deseo de lograr una conexión fija a través del río East –más un estrecho de mareas que un verdadero río– requería un único vano que cruzara alto por encima de los mástiles de los barcos, para que el ingenio de la ingeniería compitiera con las fuerzas de la naturaleza.

JOHN AUGUSTUS ROEBLING

La gran idea se le ocurrió en 1855 al diseñador de puentes John Augustus Roebling, alemán de nacimiento, quien

Izquierda: En su fase de proyecto, a la estructura se le dio el nombre de puente de Nueva York y Brooklyn, pero, tras una carta del editor del *Brooklyn Daily Eagle*, en 1967, se impuso su nombre acortado.

había diseñado puentes colgantes a lo largo de los ríos Delaware, Niágara y Ohio, y había supervisado los proyectos de las vías fluviales en Pensilvania; su Delaware Aqueduct, de 1848, es el puente colgante más antiguo que existe en Estados Unidos. Roebling había inventado 14 años antes el cable de cuerda de alambre retorcida, que era capaz de resistir cargas enormemente pesadas, y en 1847 montó su propia fábrica de cable de cuerda de alambre. Concibió un plan para sustituir el ferri entre Manhattan y Brooklyn con un enorme puente «que sería catalogado como monumento nacional... una gran obra de arte».

COMIENZAN LAS OBRAS

Roebling encontró apoyo en el hombre de negocios de Brooklyn William Kingsley, y el senador estatal Henry Murphy puso en movimiento la maquinaria legal para permitir que la New York Bridge Company construyera un puente de peaje en ese lugar. Fue nombrado ingeniero jefe del proyecto en 1867. Ésta sería la primera vez que se utilizase el acero en lugar del hierro para los cables de un puente; Roebling arguyó que el acero era menos susceptible a las oscilaciones causadas por el viento. En agosto de 1876 una pasarela temporal de acero unió los dos anclajes a través del río East por primera vez. El siguiente febrero de 1877 comenzaron los trabajos para tejer los cuatro cables. Las cuerdas colgantes y

las vigas del piso fueron colocadas en su sitio, seguidos de los cables diagonales y las armaduras rigidizadas.

LA MALDICIÓN DEL CAJÓN

Cuando Roebling supervisaba el lugar destinado a una de las torres de granito, un ferri le pilló un pie y murió de tétanos antes de que comenzaran las obras de construcción. Su hijo, Washington Roebling, continuó trabajando en el diseño, pero sufrió la enfermedad del cajón, un mal que desgraciadamente había golpeado a muchos trabajadores que utilizaban los cajones neumáticos (cámaras presurizadas a los pies de los pilares) durante los trabajos de construcción. Roebling quedó parcialmente paralizado hasta su muerte, en 1926, aunque siguió muy activo intelectualmente hablando. Se retiró a un apartamento cercano y condujo las obras desde allí, desde 1873 hasta 1877, ayudado por su mujer, Emily, que fue desarrollando un papel de liderazgo cada vez mayor, adquirió una gran competencia en matemáticas e ingeniería de puentes y realizaba visitas diarias para supervisar a los trabajadores.

En total, de los seiscientos trabajadores, cerca de treinta murieron durante la construcción. La mayoría debido a las nefastas condiciones de los cajones; mientras que dos obreros murieron al caer desde las torres, y otro murió decapitado cuando estaban instalando el cable.

Nombre	Puente de Brooklyn
Ubicación	Nueva York, Estados Unidos
Cruza	El río East
Tipo	Puente colgante atirantado de acero con torres de mampostería
Función	Puente para carretera, ferroviario y peatonal
Vano principal	486 m
Longitud	1.834 m
Gálibo	41 m
Inauguración	1883
Diseño	John Augustus Roebling

UN NUEVO PUNTO EN EL HORIZONTE

Cuando el puente fue oficialmente inaugurado el 23 de mayo de 1883, ante una multitud de miles de personas, Emily Roebling fue la primera en recorrerlo. La aparición de la estructura en el horizonte de la ciudad de Nueva York causó sensación, en aquella época pre-rascacielos las torres casi hacían parecer diminuta cualquier otra estructura a la vista. Sin embargo, la desgracia continuó persiguiendo a la estructura: seis días después de la inauguración, una mujer tropezó en el acceso y sus gritos provocaron una estampida entre la multitud de gente que había en el puente que creyó que éste se estaba derrumbando; 12 personas murieron presas del pánico y muchas más resultaron heridas. Pero se ha comprobado que el puente está sumamente bien construido. En 1884, el dueño de circo Phineas Barnum demostró su solidez desfilando sobre él con una manada de 21 elefantes. En 1964, el puente fue declarado Monumento Histórico Nacional.

Izquierda: Un barco turístico pasa bajo el puente. El cercano puente de Manhattan (al fondo) fue inaugurado en 1909, y conecta el Manhattan Inferior con Brooklyn, por la prolongación de la avenida Flatbush.

Derecha: El puente siempre ha sido un camino peatonal; tras los ataques terroristas del 11 de septiembre de 2001, muchas personas abandonaron Manhattan por esta vía, ya que el servicio de metro había sido suspendido.

PUENTE VERRAZANO-NARROWS

NUEVA YORK / **ESTADOS UNIDOS**

Nombre	Puente Verrazano-Narrows
Cruza	El puerto de Nueva York
Tipo	Puente colgante
Función	Puente para carretera
Vano principal	1.298 m
Longitud	1,6 km
Gálibo	66 m
Altura	207 m
Inauguración	1964
Diseño	Othmar Ammann

Con un vano colgante más largo que el del Golden Gate, el puente Verrazano-Narrows representaba el último logro de un siglo de construcción de puentes colgantes en Estados Unidos. El puente colgante más pesado jamás construido tiene doce carriles de carretera distribuidos en dos pisos.

CONEXIÓN INTERESTATAL

El puente proporcionaba un nuevo acceso al puerto de Nueva York; con un gálibo de 66 m permitía que los barcos de crucero y los buques portacontenedores pudieran utilizar los puertos de Nueva York y Nueva Jersey. Enlaza el distrito de Brooklyn con Staten Island y es una importante conexión en la red de carreteras interestatal que une Brooklyn, Long Island y Manhattan. Se encuentra situado en The Narrows, el estrecho de mareas a la entrada del puerto, que estuvo guardado por fortines históricos en cada lado. Tras una campaña a cargo de la Sociedad Histórica Italiana de América, el puente fue bautizado como Verrazano-

Narrows, en honor a Giovanni da Verrazano, el explorador italiano. Una propuesta alternativa era la de bautizarlo en honor al presidente John F. Kennedy, asesinado el año anterior a la apertura del puente, pero ese honor terminó correspondiéndole al aeropuerto internacional de Nueva York, anteriormente llamado Idlewild.

EXPUESTO A LOS ELEMENTOS

El puente fue el último proyecto de Othmar Ammann (1879-1965), quien entre la década de los treinta y la de los sesenta diseñó seis de los cruces importantes de la ciudad de Nueva York. El Verrazano-Narrows es el puente más expuesto a los elementos, debido a su altura y su ubicación cerca del mar abierto y, en ocasiones, cuando soplan fuertes vientos, es necesario cerrarlo. Las altas temperaturas que afectan a los cables de acero pueden hacer que la carretera en doble piso se hunda 3,5 m en verano.

Página anterior: El puente Verrazano-Narrows une Fort Hamilton, en Brooklyn, con Fort Wadsworth, en Staten Island. Cuando fue inaugurado, en 1964, era el puente colgante más largo del mundo.

Arriba: Una armadura rigidizada de 21 m de anchura, inacabada, de un pilar del puente Mackinac. La inclusión de armaduras rigidizadas para aguantar la carretera y el piso fue una lección aprendida tras el derrumbe del puente Tacoma Narrows.

PUENTE MACKINAC

Los estrechos de Mackinac, entre las penínsulas inferior y superior del estado americano de Michigan, son tan propensos a vendavales y hielo que resultaba imposible garantizar el servicio de ferri a lo largo de todo el año. Desde la década de 1880 se había propuesto un puente, mientras se consideraban también otras soluciones, incluido un «túnel flotante» y una serie de pasos elevados conectando por lo alto las islas. En la década de 1930 comenzaron a realizarse estudios de viabilidad para un puente, aunque las obras estuvieron en suspenso hasta después de la Segunda Guerra Mundial. Finalmente, el diseñador David Steinman fue nombrado para realizarlo en 1953 y el puente se inauguró en 1958.

Con el derrumbe del puente Tacoma Narrows (1940, ver página 213) en mente, Steinman tomó medidas excepcionales para asegurar la estabilidad de su diseño de puente colgante. Los cables fueron

especificados con un enorme margen de seguridad, los gigantescos cimientos de los pilares fueron hincados en la roca más de 60 m por debajo del nivel del mar y se proyectaron armaduras rigidizadas de 3 m a cada lado del piso para vehículos, para ayudar a romper la fuerza del fuerte viento golpeándolo. La carretera también tenía forma aerodinámica para proporcionar una elevación con vientos transversales, mientras que en el centro del puente los dos carriles están hechos de rejilla abierta, que permite que la corriente de aire pase hacia arriba y así se neutraliza el efecto de elevación.

Los vanos laterales inusualmente largos dan al puente Mackinac el récord mundial de puente colgante más largo del mundo en conjunto, con sus 2.626 m, si bien no tiene el vano central más largo. El récord de longitud en conjunto para un puente colgante lo ostenta ahora el puente Akashi-Kaikyo, en Japón, con 3.909 m (ver página 186).

NEW RIVER GORGE BRIDGE

VIRGINIA OCCIDENTAL / **ESTADOS UNIDOS**

Este arco de acero que cruza a gran altura sobre los rápidos de agua blanca del río New River, es una de las mejores vistas de los montes Apalaches. El cruce para carretera más alto de Estados Unidos fue también el más alto del mundo hasta la apertura del viaducto de Millau.

DEPORTES EXTREMOS

Durante seis horas, el tercer sábado de cada mes de octubre, cientos de participantes y unos ochenta mil espectadores se congregan en esta estructura con ocasión del Día del Puente, cuando cientos de saltadores BASE (siglas inglesas de las palabras: edificio, antena, vano y Tierra), paracaidistas de caída libre que se lanzan desde puntos fijos, llegan para saltar con paracaídas a la garganta. Está considerado el mayor evento de deporte extremo del mundo, y tiene lugar en un momento del año en el que los colores otoñales del bosque mixto están en su máximo esplendor.

Durante el resto del año es un puente por el que cruza la carretera US-19, de cuatro carriles. Con su apertura, un viaje, que antes implicaba serpentear arriba y abajo por tortuosas carreteras, se acortó en un instante y pasó de unos cuarenta y cinco minutos a menos de un minuto.

CONSTRUCCIÓN EN ALTURA

La profundidad de la garganta implicaba que la construcción de pilares era inviable; el puente tendría que cruzar con un solo vano, bien como puente colgante o bien como puente en arco. El diseño elegido por Michael Baker era para un puente de acero de un único arco afianzado sobre la roca sólida a cada lado de la garganta. La altura de los pilones necesaria para un puente colgante habría interferido en el tráfico de la aviación local.

Para comenzar la construcción, los cables fueron colgados, 1.070 m a través de la garganta del New River, entre dos torres temporales de 100 m de altura. Los carritos pasaban por los cables para colocar las secciones de acero, todas ellas diseñadas con una construcción de armadura para minimizar la resistencia al viento y fabricadas en acero corten, que acaba adquiriendo un apariencia de óxido que armoniza con los amarillos, naranjas y rojizos del follaje otoñal y que no necesita pintura. Ésta fue la primera vez en la historia de la ingeniería de puentes de arco de vano largo que se contó con cálculos computerizados, de tal forma que las dos mitades del arco encajaron perfectamente al ser unidas, en lugar de encontrarse con un hueco que habría de ser cerrado. Las obras tardaron tres años y costaron 37 millones de dólares.

RÉCORD BATIDO

El New River Gorge Bridge («puente de la garganta del New River») fue el puente de acero de un solo arco más largo del mundo hasta ser relegado al segundo puesto por el puente Lupu (ver página 172) que cruza sobre el río Huangpu, en Shanghai, con un vano de 550 m. También es el segundo puente más alto de Estados Unidos, por detrás del Royal Gorge, sobre el río Arkansas, en Colorado, que fue construido en 1929 y que con sus 321 m sobre el río es el puente colgante sobre agua más alto del mundo.

Nombre	New River Gorge Bridge
Ubicación	Virginia Occidental, Estados Unidos
Cruza	El río New River
Tipo	Puente de acero de un solo arco
Función	Puente para carretera
Vano principal	518 m
Longitud	923 m
Gálibo	267 m
Inauguración	1978
Diseño	Michael Baker

Derecha: Construido entre 1974 y 1977, finalmente el puente fue inaugurado en 1978. Se encuentra cerca de Fayetteville, Virginia Occidental, y por él pasa la US-19, que conecta el lago Erie con el golfo de México.

Nombre	Lake Pontchartrain Causeway Bridge
Ubicación	Luisiana, Estados Unidos
Cruza	El lago Pontchartrain
Tipo	Puente de hormigón
Función	Puente para carretera
Vano principal	2.170 vanos de 17 m cada uno
Longitud	38 km
Gálibo	4,6 m
Altura	18 m
Inauguración	1956 y 1969
Diseño	Palmer and Baker, Inc.

LAKE PONTCHARTRAIN CAUSEWAY BRIDGE

LUISIANA / **ESTADOS UNIDOS**

Los dos puentes paralelos de la carretera elevada del lago Pontchartrain son modestos en apariencia, con su simple repetición de vanos de vigas de hormigón de solo 17 m cada uno. En realidad, constituyen el puente más largo del mundo si se tiene en cuenta su longitud total.

ORÍGENES

La idea de un cruce sobre el lago Pontchartrain se remonta a comienzos del siglo XIX. Como el lago es relativamente superficial, con una media de entre 3 y 5 m, en la década de 1920 se ideó dragar el fondo para formar una serie de islas de norte a sur y conectarlas con puentes, lo que habría supuesto el beneficio añadido de crear terreno vendible para casas de vacaciones, y se dice que algunos terrenos se vendieron sin que se hubiese realizado ninguna obra. Sin embargo, la actual carretera elevada tiene su origen en la nueva tecnología del hormigón tensado,

Izquierda: Esta carretera elevada sobre el agua conecta Metairie, un suburbio de Nueva Orleans, con la ciudad de Mandeville, en Luisiana.

demostrada por primera vez en América del Norte en el puente de Walnut Street de Filadelfia, Pensilvania (1949).

DOS PUENTES

La finalización de la primera carretera elevada en 1956 representó un triunfo en innovación. Más de dos mil vanos de 17 m, prefabricados con bloques de hormigón reforzado, fueron colocados con grúas flotantes sobre los pilotes huecos de hormigón pretensado. Su apertura redujo el tiempo de viaje hasta Nueva Orleans en unos cincuenta minutos, acercando las zonas de Madeville y North Shore a la metropolitana. El segundo puente, 69 m más largo, fue instalado 13 años después con un diseño similar de vanos más largos. Ahora, ambas carreteras tienen dos carriles

que cruzan casi la parte más ancha del lago Pontchartrain, al norte de Nueva Orleans. El segundo puente se tardó en construirlo 18 meses, utilizando métodos más eficientes incluso. Los pilotes fueron fortalecidos para soportar vanos de 25 m, y en ocasiones los vanos fueron fabricados a un ritmo de 20 por semana. La carretera incorpora dos aperturas basculantes de 7,6 y 15 m.

FUERZAS HURACANADAS

Hasta en tres ocasiones se ha derrumbado alguna sección de la carretera tras la colisión de un barco, pero los huracanes nunca la han dañado gravemente. Después de que el huracán Katrina de 2005 dejara fuera de servicio otro cruce importante del lago Pontchartrain, el puente de doble vano I-10, esta carretera elevada, que permaneció ilesa, fue adoptada por los servicios de emergencia y se convirtió en la ruta principal para las operaciones de socorro.

En 2002, la comisión de la carretera elevada consideró construir una tercera carretera, pero al final decidió reformar las estructuras existentes, ya que los estudios habían mostrado que el crecimiento del tráfico se estaba estabilizando. Sin embargo, a consecuencia del huracán de 2005, la población se desplazó hacia la parte norte del lago, y se produjo un incremento del tráfico. De nuevo se está considerando el plan para una tercera carretera elevada que satisfaga la demanda y proporcione una mejor ruta de evacuación hacia el Norte si ocurriese otra catástrofe de escala similar.

¿CARRETERA ELEVADA O PUENTE?

Aunque en Nueva Orleans es conocido como «The Causeway», la carretera elevada, en realidad el cruce de Pontchartrain es más un puente bajo que una carretera elevada. En general, las carreteras elevadas son carreteras o vías de tren elevadas soportadas por un terraplén de hormigón o tierra, más que por los vanos de un puente o viaducto. Sin embargo, cuando los terraplenes incluyen aperturas para que pase el agua a través de ellos, la distinción se hace borrosa. La mayor desventaja de las carreteras elevadas es su inaccesibilidad para la navegación, junto con la posibilidad de que creen efectos sobre las corrientes y el cieno, y una tendencia a resultar peligrosas durante las tormentas, ya que el piso está muy cerca del agua. En cambio, pueden incluir una sección central abierta para permitir el paso de los barcos.

En Gran Bretaña existen restos de carreteras elevadas de madera de hace miles de años, conservadas en las turbias aguas de los llanos de Somerset y los pantanos de Cambridgeshire. El Sweet Track, un antiquísimo camino, fue descubierto en 1970, cerca de Glastonbury, recorre unos dos kilómetros a través de una ciénaga entre una isla y un terreno más alto. Consiste en robles tumbados, colocados extremo con extremo, sobre soportes de postes cruzados de fresno, roble y tilo, hincados en la tierra empantanada. Las secuencias de los anillos de los maderos los datan con mucha precisión en el período neolítico, 3807-3806 a. C.

En Flag Fen, cerca de Perborough (Reino Unido), una plataforma y una carretera elevada de madera de 1,5 km de largo, de la Edad del Bronce Tardía, construidas entre 1350 y 950 a. C. aproximadamente, fue descubierta en los turbios pantanos; gran parte se conserva bajo el agua en el Centro de la Edad del Bronce de Flag Fen. Se calcula que la construcción contó con unos sesenta mil maderos verticales y doscientos cincuenta mil tablones horizontales a lo largo de los siglos. Se han encontrado muchos objetos de metal, piedra y hueso, colocados deliberadamente dentro de la estructura o junto a ella, incluidos objetos de metal fino que han sido rotos adrede. El clima británico durante la Edad del Bronce Tardía empezó a ser más frío y más húmedo y se cree que estos objetos son ofrendas para apaciguar las aguas.

PUENTE GOLDEN GATE

SAN FRANCISCO / ESTADOS UNIDOS

El puente Golden Gate, hoy en día un símbolo reconocido internacionalmente, se terminó de construir en 1937, y en aquel momento era el vano de puente colgante más largo del mundo. Tuvo que hacer frente a la violenta oposición de la más poderosa compañía de ferris, y no se habría llegado a construir nunca de no haber sido por el respaldo que le dio la emergente industria automovilística de Estados Unidos.

CRECIMIENTO SIN CONSTREÑIMIENTO

En los años veinte, San Francisco era la ciudad más grande de Norteamérica todavía dependiente del ferri: muchos percibieron que la falta de algún tipo de conexión fija con las poblaciones de alrededor estaba retrasando el crecimiento de su economía. Sin embargo, otros alegaron que un puente sería inviable debido a la anchura del estrecho Golden Gate, la fuerza de las mareas, los fuertes vientos y las densas nieblas. Además, el lugar se encuentra prácticamente en el epicentro de la falla de San Andrés, fuente del enorme terremoto que devastó la ciudad en 1906. Entre tanto, la compañía de ferris Golden Gate tenía el monopolio real de las conexiones entre San Francisco y Marin County. La alternativa, ir por tierra bordeando la bahía, suponía un viaje de varios cientos de kilómetros. Los propietarios de los ferris presentaron una querella contra la propuesta del puente, que provocó un boicot en masa de los ferris. En contra de ellos se levantó la incipiente industria automovilística, que estaba promocionando el desarrollo de nuevos puentes y carreteras para ayudar a que aumentase la demanda de coches.

Nombre	Puente Golden Gate
Ubicación	San Francisco, Estados Unidos
Cruza	El estrecho Golden Gate
Tipo	Puente colgante
Función	Puente para carretera y ferroviario
Vano	1.280 m
Longitud	2.737 m
Gálibo	67 m
Inauguración	27 de mayo de 1937
Diseño	Joseph B. Strauss, Charles Alton Ellis e Irving Morrow

Derecha: El puente Golden Gate conecta San Francisco por la punta norte de la península de la ciudad, con Marin County (en primer plano).

TRABAJAR CON STRAUSS

Tras más de una década de promocionar el proyecto, Joseph B. Strauss fue elegido como ingeniero jefe. Había conseguido que el proyecto cuajase gracias a su energía y habilidad política, pero tenía poca experiencia en diseñar a esta escala, su experiencia provenía de pequeños puentes levadizos. Charles Alton Ellis, un profesor de ingeniería de puentes y estructural de la Universidad de Illinois, asesorado a distancia por el diseñador de puentes Leon Moiseiff, fue el responsable de la mole de cálculos técnicos y teóricos en los que se sustentaba el diseño. Pero en su momento no recibió crédito. Strauss lo despidió en 1931, supuestamente por malgastar dinero en intercambios telegráficos con Moiseiff. Se dice que Ellis siguió trabajando en el proyecto sin cobrar durante la Depresión; de regreso a la vida académica, siempre tuvo sobre la mesa una foto del puente.

LA CREACIÓN DE UNA OBRA DE ARTE

La vista conjunta del puente, descrita por un observador como «la escultura *art decó* más grande del mundo», era fundamentalmente el trabajo del arquitecto consultor Irving Morrow. Él eligió el detalle de las farolas, del enrejado y de la pasarela, creó los pilones de 227 m, con su perfil escalonado *art decó*, y seleccionó el característico color. Éste era en un principio un rojo con acabado en plomo conocido como «naranja internacional», elegido para armonizar con el entorno natural y para hacer visible el puente en medio de la niebla.

Los trabajos de construcción, que duraron más de cuatro años, empezaron con el pilar norte que, de forma fortuita, pudo ser anclado en la roca sólida a tan solo 6 m bajo el agua. El pilar sur, prácticamente en mar abierto, entrañó más dificultades, ya que las condiciones eran demasiado duras para las embarcaciones: fue necesario construir un caballete de acceso que entraba más de trescientos metros mar adentro. En 1935 se comenzó a trabajar con el tejido del cable: cada uno de los cables de 7.125 toneladas constaba de más de veintisiete mil alambres. A continuación se tuvieron que construir las secciones del piso hacia fuera desde ambos lados de cada torre y al mismo tiempo, para equilibrar su peso.

LOS ELEMENTOS Y LOS TERREMOTOS

Era preciso que el puente fuera capaz de resistir los vendavales y las corrientes oceánicas, así como el riesgo de terremotos, y que tuviera un gálibo mayor de lo que se había conseguido hasta el momento a fin de dejar suficiente espacio para la navegación transoceánica. El piso colgante de 213 m requería una armadura rigidizada, pero fue la más plana proporcionada en relación con la longitud del piso. Se comprobó que era fundamentalmente sólida, pero en los momentos de fuertes vientos acusaba un inquietante efecto de balanceo, y se añadieron 4.700 toneladas de tonificante a lo largo de la parte inferior para estabilizar el piso. El posterior diseño de Moisseiff para el puente Tacoma Narrows recogió la idea de un piso flexible para reducir el estrés general de la estructura, pero era demasiado angosto y se derrumbó en 1940 tras solo unos pocos meses de servicio.

Durante su primer día de inauguración, unos doscientos mil peatones y patinadores acudieron al puente. En sus 70 años de historia únicamente se ha cerrado cinco veces debido a los fuertes vientos; en 1982 el viento sopló con tal intensidad que era perfectamente visible el movimiento del puente. La zona de la bahía de San Francisco también es vulnerable a los terremotos y, aunque el puente aún no ha sufrido daños, la estructura ha sido modificada en general para poder dar mejor respuesta a los fuertes movimientos (incluidos terremotos) sin resultar dañado.

Izquierda: Irving Morrow eligió el ahora famoso color naranja del Puente Golden Gate. La pintura tiene una formulación que ayuda a combatir la oxidación causada por la niebla que a menudo envuelve la estructura.

UN ESTREMECEDOR PASATIEMPO

El trabajador de la construcción Albert «Frenchy» Gales se encontraba entre la docena –más o menos– de hombres que quedaron atrapados en la parte alta de la inacabada torre sur cuando se produjo el terremoto de 1935. Gales contó que la torre se balanceó unos cinco metros a cada lado: «Todo se balanceó hacia el océano. «Chicos, dije, allá vamos». Entonces se balanceó de nuevo hacia la bahía». En realidad probablemente él estaba más seguro que la mayoría de los trabajadores de puentes anteriores. Strauss había introducido el uso de redes de seguridad móviles; los que cayeron y sobrevivieron se unieron en lo que informalmente se terminó llamando «el club a medio camino del infierno».

Derecha: Durante la construcción, Joseph Strauss promocionó el uso de redes de seguridad móviles que salvaron a muchos obreros de acabar sus días en las agitadas aguas de la bahía.

SAN FRANCISCO-OAKLAND BAY BRIDGE

SAN FRANCISCO / **ESTADOS UNIDOS**

En la década de 1930 San Francisco se transformó con la apertura de este cruce, el más largo y más caro de su época, tan audaz como el puente Golden Gate, que en ese momento también estaba en construcción, y quizás un compromiso aún mayor.

Arriba: El cruce oriental entre la isla Yerba Buena y Oakland es un puente de cantilever con doble torre.

Nombre	Cruce oriental del San Francisco-Oakland Bay Bridge
Ubicación	San Francisco, Estado Unidos
Cruza	La bahía de San Francisco
Tipo	Puente en cantilever y puente de armadura
Función	Puente para carretera
Vano	427 m
Longitud	2,1 km
Gálibo	58 m
Inauguración	12 de noviembre de 1936
Diseño	Ralph Modjeski

CUESTIÓN DE GEOGRAFÍA

La península de San Francisco contaba con la situación perfecta para prosperar gracias al comercio marítimo durante la Quimera del Oro de California, a mediados del siglo XIX. Sin embargo, con la llegada de los primeros trenes que cruzaban Estados Unidos en 1868 se encontró con que se quedaba aislada por las aguas. Era necesaria una conexión con tierra, y ya en 1872 se formó un Comité del Puente de la Bahía. El autodenominado emperador Norton I, un excéntrico inmortalizado en los escritos de Mark Twain, amenazó con arrestar a los padres de la ciudad con su ejército privado si no sacaban adelante el proyecto. Sin embargo, durante décadas, la bahía se consideró demasiado ancha y profunda, y con el tiempo las necesidades cambiaron. En los años veinte hacía falta un puente ferroviario, pero también un cruce por carretera. Proyectos para un tubo bajo el agua se abandonaron por ser inadecuados para el creciente tráfico automovilístico.

LA SOLUCIÓN DEL DOBLE PUENTE

Al fin, el puente se hizo realidad durante la Gran Depresión posterior a 1929, promocionado por el presidente Hoover como proyecto de reconstrucción económica. Los desafíos técnicos eran abundantes: se trataba de una zona de terremotos junto a aguas profundas y de rápidas corrientes, y propensa a fuertes vientos racheados. La compleja solución fue el enorme cruce occidental de doble vano

colgante, sobre las profundas aguas cerca de San Francisco, y el cruce oriental en cantilever, con su amplio puente de armadura y accesos de carretera elevada, sobre las aguas poco profundas de la marisma en el lado de Oakland. Los dos puentes fueron unidos por un túnel de doble piso a través de la rocosa isla Yerba Buena —entonces el túnel de diámetro más grande— para dar cabida a los cruces de carretera y ferroviario, uno encima del otro (como existían en los puentes).

El cruce occidental necesitaba un punto de anclaje artificial enorme. La torre central era más alta que cualquier edificio de San Francisco en aquel momento, con los cimientos en aguas de hasta 30 m de profundidad. Demasiada para que un hombre pudiera trabajar seguro en una cámara sellada utilizando aire comprimido. Así que los enormes cajones tuvieron que ser construidos en una rampa, botados al agua, remolcados hasta su posición e hincados hasta una superficie de roca irregular e inclinada.

CARGAS PESADAS

Durante el primer año, nueve millones de vehículos cruzaron el puente, muchos más de los que se habían calculado. En 1950, el tráfico había aumentado tres veces, y en 1958 las vías de tren se ampliaron.

El terremoto Loma Prieta de 1989 dañó gravemente una sección del cruce oriental. Unos quince metros del piso superior se derrumbaron sobre el inferior y durante

varias semanas todo el cruce permaneció cerrado. En la actualidad tiene lugar una reparación contra seísmos, para asegurar que el puente pueda ser reabierto en veinticuatro horas tras un terremoto importante. El cruce occidental ha sido reforzado, mientras que el oriental está siendo sustituido por lo que será el puente colgante autoanclado de una sola torre más largo del mundo. En este diseño, ideado para complementar el cruce occidental y el puente Golden Gate, solo hay un cable principal: anclado al piso por el extremo oriental, envuelve la torre, alrededor del lado occidental, y vuelta a la torre hasta el extremo oriental de nuevo. Las vigas de unión entre las cuatro patas de la torre, pensadas para contrarrestar un terremoto, absorberán gran parte del impacto. Cuando se inaugure los carriles del tráfico correrán bajo un dosel triangular de cables colgantes y el cruce oriental original será demolido.

Derecha: El cruce occidental consiste en un puente colgante. Ambas mitades del puente están conectadas con el túnel Yerba Buena, el de mayor diámetro del mundo cuando fue construido .

Nombre	Cruce occidental del San Francisco-Oakland Bay Bridge
Ubicación	San Francisco, Estado Unidos
Cruza	La bahía de San Francisco
Tipo	Puente colgante
Función	Puente para carretera
Vano	Dos vanos colgantes de 704 m
Longitud	2,8 km
Gálibo	67 m
Inauguración	12 de noviembre de 1936
Diseño	Ralph Modjeski

PUENTE SUNSHINE SKYWAY

FLORIDA / **ESTADOS UNIDOS**

El elegante Skyway, el puente atirantado de hormigón más largo del mundo, cuenta con tirantes dispuestos en forma de vela de barco que aluden al sobrenombre de Florida: «el Estado del sol brillante». Sin embargo, la historia que hay detrás no tiene nada de alegre: fue construido debido a uno de los peores desastres ocurridos en puentes de América.

AGUAS PELIGROSAS

La bahía de Tampa es una de las más grandes del mundo, y uno de los canales navegables más peligrosos, famosa por sus aguas poco profundas y sus condiciones climáticas extremas. En 1987, el actual Sunshine Skyway sustituyó dos puentes que cruzaban la bahía de Tampa entre St. Petersburg y Bradenton. El primero de ellos fue inaugurado en 1954, con grandes carreteras elevadas de acceso y una armadura en cantilever abruptamente inclinada cruzando el canal navegable. Un segundo puente, inaugurado en 1971, duplicó la capacidad del tráfico llevándolo en dirección sur.

El 9 de mayo de 1980, el capitán John Lerro se encontraba pilotando el carguero *Summit Venture* desde el golfo de México a lo largo de la bahía de Tampa en dirección al puerto de Tampa. El barco no llevaba carga y navegaba rápido a través de zonas de niebla y lluvia tras una tormenta tropical cuya feroz intensidad había descendido. De repente la visibilidad desapareció casi por completo, y el radar del barco falló justo antes de que el capitán John Lerro alcanzase el puente de 1971, donde tenía que realizar un giro de 13° para pasar entre los dos pilares principales. El buque embistió contra el vano que iba en dirección sur, derribando una sección de la carretera contra la bahía, y causando la muerte a 35 personas que estaban en el puente; la mayoría iban en un autobús. Dos personas lograron escapar milagrosamente: el conductor de una furgoneta que aterrizó en la cubierta del carguero y un conductor que

Nombre	Puente Sunshine Skyway
Ubicación	Florida, Estados Unidos
Cruza	La bahía Tampa
Tipo	Puente atirantado
Función	Puente de autovía
Vano principal	366 m
Longitud	1.219 m (el puente principal)
Longitud total	8,85 km
Gálibo	58,8 m
Inauguración	1987
Diseño	Figg & Muller Engineers

EMERGENCY STOPPING ONLY

Izquierda: En 2006, el Departamento de Transportes de Florida comenzó la puesta a punto del puente en respuesta a las críticas por su paupérrimo mantenimiento. Esto incluyó levantar la pintura de todos los cables y volverlos a pintar con el mismo tono de amarillo.

PUENTE SUNSHINE SKYWAY

Arriba: Un coche parado justo a 35 cm de caer en picado en la bahía de Tampa tras la destrucción de la carretera del puente original por el carguero *Summit Venture* durante una tormenta en 1980..

logró detener su coche a escasos 35 cm del precipicio. El capitán Lerro fue absuelto de su mala actuación por un gran jurado estatal.

Durante un tiempo, el cruce en dirección norte continuó abierto al tráfico, pero en ambas direcciones como había sido en sus orígenes. Sin embargo, se había tomado la decisión de sustituir ambas estructuras; la idea de hacer un túnel era inviable dada la altura del nivel freático. En consecuencia, se concibió un nuevo Skyway y se puso pronto en marcha un enorme proyecto de demolición de las viejas estructuras, cuyos accesos se trasladaron al parque estatal Skyway Fishing Pier.

LA SEGURIDAD ANTE TODO

El nuevo Skyway ha sido modelado siguiendo el puente Brotonne sobre el río Sena, en Francia. Éste tiene cerca de 15 m más de gálibo que su predecesor, y también se aumentó la anchura del vano principal sobre el canal navegable un tercio, desde 244 a 366 m. Parsons Brinkerhoff diseñó un importante sistema de seguridad en forma de 36 grandes islas de hormigón (ver imagen a la derecha), que actúan como si fueran parachoques de seguridad y pueden soportar el impacto de un buque cisterna de 87.000 toneladas navegando a 10 nudos por hora. Los 21 cables, dentro de sus tubos amarillos, están flanqueados a los lados por dos carriles de carretera, de tal forma que los automovilistas pueden disfrutar de las vistas sin obstáculos. El piso comprende más de trescientos segmentos de hormigón hueco prefundido, en los que se puede entrar para realizar las labores de mantenimiento, algo muy necesario cuando se corroe el acero dentro del hormigón prefundido.

El Sunshine Skyway fue oficialmente rebautizado en 2005 como el puente Bob Graham Sunshine Skyway, en honor de aquel gobernador de Florida que optó por sustituir los vanos de cantilever de 1954 y 1971 con este radical diseño.

EL PUENTE DE LAS SIETE MILLAS

Otro espectacular proyecto de Figg & Muller Engineers en Florida es el puente de las Siete Millas, uno de los puentes de la carretera US-1, que une el archipiélago de Los Cayos de Florida. Al igual que sus homólogos, ha sido construido para resistir vientos de hasta 360 km/h en una región propensa a los huracanes. El puente recorre 10,93 km, poco más de siete millas, y era el puente continuo de segmentado de hormigón más largo del mundo cuando fue terminado en 1982, cinco años antes de la inauguración del Sunshine Skyway. También construido para llevar las tuberías de agua y las líneas de teléfono, tiene 440 vanos, y la mayoría de ellos se elevan justo por encima del nivel del agua. El arco central se eleva 20 m sobre el nivel del mar para dejar un gálibo suficiente para la navegación. Su superestructura es una viga de cajón post-tensionado, mientras que los pilares de segmentado prefundido son huecos y se erigieron con rapidez; el trabajo se completó seis meses antes de lo previsto. La mayor parte del predecesor del puente, inaugurado en 1912, todavía está allí y es utilizado por los pescadores, ciclistas y excursionistas.

La reconstrucción del puente de las Siete Millas se conmemora cada mes de abril con una maratón, durante la cual el puente permanece cerrado al tráfico.

Derecha: El puente de las Siete Millas apareció en la película *Mentiras arriesgadas* (1994) en la que era parcialmente «destrozado». Se rodaron escenas en el puente y se utilizaron imágenes creadas por ordenador y una maqueta de 24 m para crear los efectos especiales.

AMÉRICA CENTRAL Y DEL SUR

Izquierda: Un excursionista cruza el puente inca de troncos de Machu Picchu, en Perú.

Puente de Somerset

Puente de las Américas

Puentes de cuerda incas

Puente de Juscelino Kubitschek

Puente Río-Niterói

PUENTE DE LAS AMÉRICAS

BALBOA / **PANAMÁ**

Nombre	Puente de las Américas
Ubicación	Balboa, Panamá
Cruza	El canal de Panamá
Tipo	Puente de arco de acero
Función	Puente para autopista
Vano principal	344 m
Longitud	1.655 m
Gálibo	106 m
Inauguración	1962
Diseño	Sverdrup & Parcel

Cuando se abrió el canal de Panamá, en 1914, cortaba por una de las zonas más estrechas el istmo que une América del Norte y América del Sur para conectar el océano Atlántico y el Pacífico. Creó una ruta de navegación crucial, si bien separó Colón y la ciudad de Panamá del resto de la República. La inauguración de lo que hoy se conoce como el puente de las Américas volvió a unir psicológicamente el país, y los dos continentes.

Izquierda: Construido en un principio para que circulase por él la autopista Panamericana, por este puente de las Américas pasaron en 2004, aproximadamente, treinta y cinco mil vehículos al día. Se construyó un segundo cruce del canal, el puente del Centenario, para mitigar los problemas de tráfico.

UN PUENTE HISTÓRICO

El canal de Panamá fue uno de los proyectos de ingeniería más grandes y difíciles de todos los tiempos, construido a costa de unas veintisiete mil quinientas vidas. La primera obra fue comenzada por los franceses en 1880, pero fueron los Estados Unidos quienes finalmente completaron su construcción y mantuvieron la responsabilidad de la Zona del Canal de Panamá desde 1903 hasta 1979. La idea de construir un puente fijo sobre el canal fluvial fue propuesta por primera vez en 1923, y al paso de los años el gobierno panameño presionó cada vez más a Estados Unidos para que construyese un cruce. Dos puentes giratorios proporcionaban un medio para cruzar el canal cuando no había barcos a lo largo de esas secciones, pero pronto se vio que estos puentes y los servicios de ferri no eran suficiente. En 1955, un tratado comprometió a Estados Unidos a construir un puente. Las obras comenzaron en 1959 y se terminaron siete años después.

EN LA ZONA

El área de la Zona del Canal de Panamá corta en dos psicológicamente al país. Controlada por EE. UU. y utilizada con fines militares durante gran parte de su historia, contaba con su propio gobierno civil, al igual que su propia policía y sistema judicial (a los civiles americanos nacidos en la Zona todavía se les llama hoy «zoneros»). Los problemas causados por la existencia de la Zona se convirtieron en un serio asunto político en el momento de la inauguración del puente, en 1962. La opinión pública de los panameños era contraria a bautizar la estructura en honor a Maurice H. Thatcher y estaba a favor de llamarlo puente de las Américas. Thatcher había sido el gobernador de la Zona del Canal entre 1910 y 1913 y era el miembro más longevo de la Comisión del Canal de Panamá (la organización que se montó para supervisar la construcción del canal). Los que estaban a favor de los panameños realizaron una protesta interrumpiendo los actos de la inauguración mediante marchas arriba y abajo por el puente. La violencia explotó entre la policía y los manifestantes que habían quitado las placas conmemorativas del puente.

SALVANDO DISTANCIAS

El puente es un diseño de arco de armadura de hormigón y acero, construido a través de la bahía de Panamá en la entrada del canal del Pacífico, cerca de la ciudad de Panamá. La construcción se llevó a cabo desde ambas orillas, y el 16 de mayo de 1962 se colocó en su sitio la primera viga de acero, de 21 m de longitud y 98 toneladas de peso, para unir las dos secciones a medio camino. En un principio, fue conocido como el puente Thatcher Ferri, por el antiguo gobernador de noventa y dos años de edad que cortó la cinta en la ceremonia de inauguración. Sin embargo, fue rebautizado oficialmente como puente de las Américas en 1979, cuando Panamá recuperó el control de la Zona. El puente era la primera estructura fija que unía los dos continentes, América del Norte y del Sur, y formaba parte de la todavía incompleta autopista Panamericana, que se proponía ir desde Alaska hasta América del Sur. Un importante obstáculo práctico y medioambiental para la realización de este plan es la selva del Darién, una franja de selva tropical que hay entre el canal de Panamá y la frontera con Colombia.

UN SEGUNDO PUENTE

La creciente congestión del tráfico apresuró la construcción de un segundo puente fijo sobre el canal, el puente del Centenario (llamado así por el centenario de Panamá, el 3 de noviembre de 2003), que fue inaugurado en 2004, por el que pasan seis carriles de autopista, y por el que ha sido desviada la autopista Panamericana. Diseñado para resistir los frecuentes terremotos que se dan en la zona, esta estructura atirantada de 1.052 m tiene un vano central de 320 m con 80 m de gálibo, y se sustenta sobre dos pilonos de 184 m de altura.

PUENTES MÓVILES

A menudo los puentes son vistos como estructuras inmóviles que cuentan con una gran variedad de recursos de ingeniería para superar circunstancias locales; por ejemplo, topografía, navegación, fuerzas de la naturaleza como el calor, el viento y desastres potenciales en forma de terremotos o inundaciones. Sin embargo, en ocasiones son los propios puentes los que se convierten en elementos adaptables al entorno. Uno de los puentes móviles más pequeños se encuentra en Bermudas.

Nombre	Puente Somerset
Ubicación	Bermudas
Conecta	La isla Somerset con la isla principal
Tipo	Puente levadizo
Función	Puente peatonal
Construcción	1620 (reconstruido desde entonces)

EN FAVOR DE LA NAVEGACIÓN

Los puentes giratorios que se instalaron en el canal de Panamá antes de la construcción del puente de las Américas representan uno de los muchos tipos de puentes móviles que existen, diseñados para permitir el movimiento de las embarcaciones. Este tipo de estructuras son pivotantes y pueden girar hasta la posición de apertura o hasta la de cierre para que los barcos pasen a través o para permitir que cruce el tráfico. Existen ejemplos en canales fluviales a lo largo de todo el mundo. Otros diseños móviles incluyen los puentes transbordadores (ver página 142), los plegables que están construidos en secciones y se pliegan horizontalmente, y los puentes sumergibles que pueden se bajados hasta el agua.

EL PUENTE LEVADIZO DE SOMERSET

Un puente levadizo es batiente por un lado y puede ser elevado. El principio surgió como medida defensiva en el diseño de los castillos y fuertes medievales, donde los puentes levadizos podían ser levantados para evitar que el enemigo cruzase el foso. El mismo concepto se utiliza en el caso de los puentes construidos sobre el agua, excepto que su objetivo es permitir el paso por debajo del puente más que impedir que se cruce por él. Probablemente el ejemplo

Derecha: El puente levadizo más pequeño del mundo, el puente Somerset, en Bermudas, permite pasar los mástiles de los barcos de vela por un hueco cuando se retira un tablón que cubre el vano central.

más pequeño de puente levadizo sea el de Somerset, en Bermudas, que conecta la isla Somerset con la isla principal. Tiene justo el ancho suficiente para permitir que los mástiles de los barcos pasen por él. Un puente anterior a éste, que data de hacia 1620, se abría a mano con una manivela, mientras que la actual estructura comprende un par de medios vanos de cantilever unidos por un tablón de madera de 45 cm en el centro. Cuando un barco necesita pasar, el tablón se retira a mano. Uno de los primeros ejemplos de puente levadizo construido para permitir que la navegación pasase a través de él fue el London Bridge, de la época medieval, comenzado en 1148, que tenía un puente levadizo entre sus 20 vanos.

TIPOS MÓVILES DE TODO EL MUNDO

En los Países Bajos, los tradicionales puentes levadizos blancos, de madera, forman parte del paisaje de los canales. El ejemplo más conocido es el Magere Brug («puente flacucho») sobre el río Amstel, uno de los cerca de sesenta que se encuentran en Amsterdam. Se cree que el puente recibió el nombre debido a la estrechez del vano original de 1672, o bien a causa de la leyenda que dice que fue construido por dos damas flacuchas como atajo entre sus casas, y que más tarde fue reconstruido.

Entre las variantes inusuales en cuanto a puentes levadizos, existen dos estructuras en Paddington Basin, en el canal Grand Union de Londres. El puente Rolling («rodante») de 12 m de largo, hecho con

Nombre	Puente Erasmo
Ubicación	Rotterdam, Países Bajos
Cruza	El río Meuse
Tipo	Puente atirantado y basculante
Función	Puente para carretera
Vano principal	280 m
Longitud	802 m
Inauguración	1996
Diseño	Ben van Berkel

Arriba: Poco después de que el puente Erasmo fuese abierto al tráfico, se apreció que con fuertes vientos la estructura se balancearía. Entonces se colocaron amortiguadores más fuertes para corregir el movimiento.

ocho secciones basculantes de madera y acero fue diseñado por Thomas Heatherwick. Se repliega haciéndose un ovillo hasta formar un apretado octógono, momento en el que más parece una obra de arte que un puente; sus mecanismos hidráulicos están ocultos dentro de la barandilla. En contraste, el puente Helix («hélice») de cristal y acero se repliega rodando en forma de tirabuzón.

PUENTES BASCULANTES

Los puentes basculantes también son batientes y, además, utilizan como contrapeso una pesa. El Tower Bridge (ver página 134) es quizás el ejemplo más famoso, aunque también es en parte un puente colgante. El primer gran puente basculante del mundo fue el Nikolaevsky, de 1850 (más tarde rebautizado puente Blagoveshchensky, fue reconstruido en 2007) que cruza el Neva en San Petersburgo, Rusia. Otros puentes construidos sobre el río también han sido ideados como basculantes y se elevan cada noche. En Portland, Oregón (Estados Unidos), el puente de Broadway es el único vano construido con doble hoja basculante, y con sus 569 m de longitud era el puente basculante más largo del mundo cuando fue acabado en 1913.

El puente Pegasus, cerca de Ouistreham, en Normandía (Francia), es un puente «basculante rodante» que en vez de pivotar se mueve con un mecanismo de cremallera y piñón. En un principio se le llamaba puente Bénouville, y fue un triunfo clave de los aliados en la invasión de Normandía, en junio de 1944: la Operación Tonga tenía como objetivo hacerse con el control de éste y otros puentes. En 1994 fue sustituido por un nuevo puente basculante rodante.

En 1996, Rotterdam consiguió un nuevo monumento importante, el puente Erasmo, sobre el río Nieuwe Maas. Diseñado por Ben van Berkel y terminado en 1996, es una mezcla muy característica de puente basculante con estructura atirantada. La porción de tirante más grande tiene un pilono asimétrico de 139 m de altura que se ha ganado el sobrenombre de «el cisne» mientras que el vano sur consta de un puente basculante para los barcos que son demasiado grandes como para pasar por debajo de él.

Nombre	Puente Rolling
Ubicación	Paddington, Londres, Reino Unido
Cruza	Una dársena cerrada del canal Grand Union
Tipo	Puente rodante/enroscable
Función	Puente peatonal
Inauguración	2004
Diseño	Thomas Heatherwick Studio

Arriba: El puente Rolling, en Paddington, se pone en marcha para que pasen los barcos pero continúa siendo un puente mucho más convencional para los cientos de personas que lo cruzan a pie cada día.

PUENTE RÍO-NITERÓI

BAHÍA GUANABARA / **BRASIL**

Esta estructura serpenteante, por la que cada día pasan unos ciento cuarenta mil vehículos en una conducción que parece no tener fin, conecta la ciudad de Niterói con la capital de Brasil, Río de Janeiro, mediante vanos de viga de cajón excepcionalmente largos; entre ellos se encuentra el más largo del mundo, con sus 300 metros de longitud.

Nombre	Puente Río-Niterói
Ubicación	Río de Janeiro, Brasil
Cruza	La bahía Guanabara
Tipo	Vanos de viga de cajón de acero con hormigón armado
Función	Puente para carretera
Vano	300 m
Longitud	13,29 km (8,8 km sobre el agua)
Gálibo	72 m
Inauguración	4 de marzo de 1974

INAUGURADO POR LA REALEZA

La idea de construir un cruce entre Río y Niterói ha sido discutida desde la década de 1870. Las alternativas eran un viaje de una hora en ferri, o un trayecto por carretera de 100 km. Finalmente, tras el golpe de estado militar dado en Brasil en el año 1964, la construcción fue autorizada por Costa e Silva (presidente entre 1967 y 1969) y fue inaugurado oficialmente durante una

Izquierda: Los automovilistas que usan el largo y serpenteante puente Río-Niterói de doble calzada solo pagan peaje cuando salen de Río de Janeiro.

visita de estado de la reina Isabel II y el duque de Edimburgo, en 1968. El proyecto, de 22 millones de dólares y cinco años de duración, era de hecho una cooperación anglo-brasileña, financiada por bancos británicos y llevada a cabo por empresas británicas. El puente fue bautizado oficialmente como Costa e Silva.

OBJETO DE INVESTIGACIÓN

A lo largo de los años, el puente Río-Niterói ha sido objeto de varios experimentos técnicos con resultados influyentes. Uno de ellos concierne al novedoso uso de la resina

epóxica para pegar los segmentos prefundidos de la estructura de hormigón, que se ha comprobado que no afecta a la seguridad del puente.

Otras investigaciones tienen que ver con encontrar una solución para las oscilaciones del vano central, que se descubrió que aparecían cuando soplaban vientos transversales de baja velocidad, relativamente, y que habían dado lugar a que se cerrara el puente en algunos períodos. Se han examinado varios mecanismos para absorber las vibraciones, incluido el uso de amortiguadores.

EL PUENTE ARACAJU-BARRA

Este puente para carretera de cuatro carriles recorre 1,8 km, con un carril bici y una acera para peatones. Su construcción, realizada por la empresa brasileña EMSA, duró más de dos años. Las dos torres gemelas del puente atirantado se elevan a más altura que el edificio más alto de Aracaju y son un monumento principal de la zona, en su día un apartado paisaje de manglar. Se pretendió que ésta conexión entre la capital regional de Aracaju y la pequeña ciudad de Barra dos Coqueiros fuese un estímulo para el desarrollo del turismo y la economía, pero ha sido objeto de muchas controversias.

Aparte de las disputas por el presupuesto, el puente se encontró en medio de una controversia respecto al nombre. Oficialmente, se le dio el nombre de puente Joao Alves, el gobernador estatal que ya había dado nombre a muchas obras públicas, tanto él como su familia. Los opositores argumentaron que había adelantado la inauguración del puente hasta septiembre de 2006 para impulsar la posibilidad de ser reelegido, y trataron de que se retrasara, pero solo consiguieron una orden para impedir que Alves y su vicegobernador estuvieran presentes en la ceremonia, y que utilizaran imágenes del puente en su campaña. Una de las figuras preferidas para dar nombre al puente es el del legendario personaje local Peixe («José Pez»), un capitán de barco y hombre de salvamento marítimo responsable de haber salvado muchas vidas en las traicionaras aguas del Sergipe. Él estuvo entre los primeros que plantearon las preocupaciones medioambientales respecto a la contaminación de las aguas residuales y la destrucción del manglar alrededor de la ciudad a causa de los planes de recuperación de tierras.

Derecha: El puente Aracaju-Barra fue diseñado por Mario De Miranda, de la Miranda Associates, Italia, y fue terminado en dos años (entre 2004 y 2006).

PUENTE JUSCELINO KUBITSCHEK

BRASILIA / **BRASIL**

El puente Juscelino Kubitschek (o sencillamente el puente JK) debe su nombre al antiguo presidente de Brasil que fundó la nueva y moderna capital de Brasilia a finales de la década de los cincuenta. Inaugurado en 2002, rápidamente se ha convertido en uno de los lugares más célebres.

Nombre	Puente Juscelino Kubitschek
Ubicación	Brasilia, Brasil
Cruza	El lago Paranoá
Tipo	Puente con arcos asimétricos y con piso colgante
Función	Puente para carretera
Vano	Tres vanos de 240 m
Longitud	1.200 m
Altura	60 m
Gálibo	18 m
Inauguración	2002
Diseño	Alexandre Chan

A TONO CON LA CIUDAD

El piso está soportado por tres arcos de acero, cada uno de ellos en ángulo con el siguiente; se dice que están inspirados en la juguetona imagen de una piedra brincando sobre la superficie del agua de un lago. El arquitecto Alexandre Chan ha dicho que consideró numerosos factores al hacer su diseño, incluido el paisaje de la región, las formas arquitectónicas ya existentes en la ciudad, la posición del sol al ocaso, y la necesidad de dar a los conductores una vista cambiante.

Los cuatro enormes bloques de hormigón que lo soportan están sumergidos un metro por debajo de la superficie del lago, de forma que parece que los arcos continúan dentro del agua. Donde tenían que crearse los soportes, se hundieron y se vaciaron cajones temporales; se vertieron unos cuatro mil metros cúbicos de hormigón en cada soporte; 75 cm³ de cada vez con intervalos de secado de tres días entre medias.

Cada sección del piso de acero fue ensamblada en un astillero cercano, elevada y empujada hasta su posición sobre pilares temporales, y después bajadas con gatos hidráulicos. Los arcos, consistentes en 83 secciones, fueron flotados y elevados hasta su posición mediante grúas sobre arcos de soporte temporales. Por último, una vez que los tirantes habían sido amarrados, se quitaron los soportes temporales para dejar que los arcos cogieran el peso total de los pisos. Se hicieron ajustes de precisión en la tensión del cable con la ayuda de la teledetección, desde células de carga instaladas en cada anclaje superior. Las células convierten la fuerza en una señal eléctrica y siguen continuamente las condiciones del puente.

EL MÉRITO ESTÉTICO

El presidente Juscelino Kubitschek (1902-1976) está considerado hoy en día el padre del Brasil moderno. Sin embargo, recibió escasas aclamaciones por su visión de Brasilia en aquel momento, al estar emplazada en un remoto páramo en el centro del país. Se le achacó haber desencadenado una espiral de inflación por el déficit de los gastos en proyectos de obras públicas tan enormes como éste; Kubitschek perdió el cargo en 1961 y se le privó de derechos políticos tras el golpe militar de 1964. El puente de Alexandre Chan, bautizado en su honor, fue mejor recibido. En 2003 el proyecto recibió como premio la Medalla Gustav Lindenthal, en la International Bridge Conference que se celebra cada año, por un «único, actual y magnífico logro en ingeniería de puentes, demostrando innovación técnica y material, mérito estético y armonía con el entorno».

Arriba: También conocido como el puente JK, esta estructura se ha convertido en uno de los monumentos más conocidos de Brasilia. Cruza el Lago Paranoá, una gran zona artificial de agua en el lado oriental de Brasilia.

Derecha: El piso del puente tiene una carretera con seis carriles, tres para cada sentido. También es accesible para ciclistas, patinadores y peatones por medio de una calzada que corre a lo largo de las calzadas principales.

PUENTES DE CUERDA INCAS

HUINCHIRI / **PERÚ**

Hacia el siglo XVI, la cultura inca del Perú había creado unos doscientos puentes colgantes muy avanzados con fibras trenzadas, que cruzaban las gargantas de los Andes. Hasta la llegada de la tecnología del hierro y el acero, las gargantas continuaron siendo infranqueables excepto si se utilizaban las estructuras incas tradicionales, como la del cañón Apurimac.

Derecha: El peso de los materiales combinados utilizados en los puentes de cuerda, como el que hay en Huinchiri, indica que tienden a combarse por el centro. Sin embargo, son muy fuertes y podrían soportar incluso el peso de una persona a caballo.

Nombre	Puente Qeswachaca
Ubicación	Huinchiri, Perú
Cruza	El río Apurímac
Tipo	Puente colgante de cuerdas vegetales
Función	Puente peatonal
Vano	37 m
Gálibo	24 m
Inauguración	Probablemente en el siglo XV, reconstruido cada uno o dos años

EL ASOMBRO DE LOS COLONIZADORES

Los invasores españoles, que empezaron a llegar en 1532, quedaron atemorizados ante aquéllos puentes; algunos tenían suelos de tablones, cuerdas tan gruesas como el torso de un hombre y rellenos a los lados para evitar que el ganado se despeñara. Con vanos de 45 m o más, eran más largos que los puentes de arco de piedra de estilo europeo del momento. Posteriormente, los colonizadores trataron muchas veces de erigir arcos de piedra sobre las gargantas, pero sin éxito.

Los incas parecían haber desarrollado sus puentes colgantes sin ningún tipo de influencia exterior, y fueron la única cultura antigua americana que los construyó.

No obstante, técnicas de construcción de puentes similares se han desarrollado de forma independiente en otras zonas montañosas del mundo, como en el Himalaya. En China, los puentes colgantes de cadenas datan del siglo III a. C.

REGENERACIÓN DE LA ESTRUCTURA

Los puentes de cuerda incas más grandes se encontraron en el cañón Apurímac, en la principal ruta norte desde la capital inca de Cuzco. El más famoso permaneció en funcionamiento durante unos cuatrocientos cincuenta años; en la década de 1890 se derrumbó, inspirando la novela de Thornton Wilder: *El puente de San Luis Rey*.

Los puentes de cuerda se comban con el tiempo, y eran regularmente reconstruidos por las comunidades locales; labor exigida como forma de impuesto. El último puente colgante inca, en Huinchiri, en el cañón Apurimac, todavía se reconstruye cada año de forma ceremonial, en un festival que dura tres días, utilizando técnicas transmitidas de padres a hijos desde la época de los incas. Más de quince mil metros de cuerda de esparto se trenzan en las cuerdas de sustitución, y los cuatro cables principales, sujetos aparte por traviesas de madera, tienen gruesas esteras encima para proporcionar una base firme.

EL PUENTE DE TRONCOS INCA, MACHU PICCHU

Machu Picchu, creada en lo alto de una montaña a unos setenta kilómetros al noroeste de Cuzco, esta ciudadela fue construida en pleno apogeo del poder Inca, hacia 1450. solo un siglo después, posiblemente despoblada por una epidemia, quedó abandonada durante mucho tiempo y casi olvidada; nunca fue saqueada por los invasores españoles. Un puente de cuerdas proporcionaba una entrada secreta, y podía ser quemado sencillamente ante un ataque, mientras que el puente de troncos era un ingenioso mecanismo de defensa que protegía el acceso occidental. Se dejó un hueco de 6 m en el estrecho sendero de un escarpado cortado que se salva mediante dos troncos de árbol que podían quitarse si hacía falta para dejar una sección infranqueable con 570 m de caída. Aunque los troncos de árboles debieron de ser uno de los tipos de puente más antiguos, el esfuerzo y la habilidad necesarios para crear este camino de piedra encaramado en el cortado, con este hueco vertiginoso, tuvo que requerir una gran organización tecnológica y social.

Derecha: Sin los troncos, este hueco artificial resueltamente creado por los incas sería infranqueable. Simples puentes de troncos como éste eran un modo efectivo de defensa contra los invasores.

ÍNDICE

AGRADECIMIENTOS Y CRÉDITOS FOTOGRÁFICOS

Los editores desean agradecer a los siguientes fotógrafos, agencias de fotografía y fototecas su colaboración en la realización de este libro.

Abreviaturas de los créditos fotográficos: (a) arriba, (ab) abajo, (d) derecha, (i) izquierda, (c) centro, (AA) AA World Travel Library

2 © Jean-Philippe Arles/Reuters/Corbis; 8/9 Panoramic Images/Getty Images; 11 © Howard Kingsnorth/zefa/Corbis; 12a Joseph Baylor Roberts/National Geographic/Getty Images; 12ab Chris Bland/Eye Ubiquitous/Corbis; 13a Photolibrary Group; 13abi © China Images/Alamy; 13abd AA/M Chaplow14a Philip Enticknap/Dorling Kindersley/Getty Images; 14ab © Gail Mooney/Corbis; 15 AA/S Day; 16 Photolibrary Group; 17a © Eye Ubiquitous/Hutchison; 17c © Franck Guiziou/Hemis/Corbis; 17b AA/M Jourdan; 18a AA/S McBride; 18ab Photolibrary Group; 19 Photolibrary Group; 20 Photolibrary Group; 21a AA/C Coe; 21b AA/S Day; 22a AA/M Hayward; 22ab Siegfried Layda/Stone/Getty Images; 23abi AA/A Lawson; 23ad AA/J Miller; 24a AA/C Lees; 24ab Photolibrary Group; 25 © William S Kuta/Alamy; 26 Mary Evans Picture Library; 27a © Philip Scalia/Alamy; 27ab © Eye Ubiquitous/Hutchison; 28a © Michael Dutton/Alamy; 28ab © Anthony Collins/Alamy; 29 © Bob Krist/Corbis; 30a © Atlantide Phototravel/Corbis; 30c Hulton Archive/Getty Images; 30ab © Leslie Garland Picture Library/Alamy; 31a Hulton Archive/Getty Images; 31c AA/C Sawyer; 31ab © Michael Maslan Historic Photographs/Corbis; 32 Hulton Archive/Getty Images; 33a © Swim Ink 2, LLC/Corbis; 33b © Alan Schein/Alamy; 34a © Corbis; 34ab AA/J Smith; 35 Photolibrary Group; 36a Photolibrary Group; 36c © Frédéric Soltan/Sygma/Corbis; 36ab © Arco Images GmbH/Alamy; 37a © ICP/Alamy; 37c Harlingue/Roger Viollet/Getty Images; 37ab © Arcaid/Rex Features; 38a Roger Viollet/Getty Images; 38c AA/K Paterson; 38 AA/J A Tims; 39ad Photolibrary Group; 39abi © Robera Holmes/Alamy; 39abd Scott Olson/Getty Images; 40a © Fernando Alda/Corbis; 40ab © Eye Ubiquitous/Hutchison; 41a Pictures Colour Library; 41ab © JTB Photo Communcations; 42/43 AA/A Mockford & N Bonetti; 44/45 Photolibrary Group; 46 Sipa Press/Rex Features; 47 © Otto Lang/Corbis; 48/49 AA/S McBride; 50/51 AA/S McBride; 51 AA/S McBride; 52 Photolibrary Group; 54/55 Sven Rosenhall/Nordic Photos/Getty Images; 56/57 Photolibrary Group; 57 AA/T Souter; 58/59 © Neil Emmerson/Robert Harding World Imagery/Corbis; 59 Photolibrary Group; 60/61 Pictures Colour Library; 62 © Joseph Sohm/Visions of America/Corbis; 63 © Jean-Pierre Lescourret/Corbis; 64/65 © Guenter Rossenbach/zefa/Corbis; 66a © Bruno de Hogues/Sygma/Corbis; 66ab © Vince Streano/Corbis; 67 David Noble/Taxi/Getty Images; 68/69 Ethel Davies/Robert Harding World Imagery/Getty Images; 70 © Jean Roche/Grandeur Nature/Hoa-Qui/Imagestate; 71 AA/M Chaplow; 72/73 AA/A Baker; 75 Photolibrary Group; 76/77 © Luc Buerman/zefa/Corbis; 78a © Paul Thompson/Corbis; 78b AA/I Burgum; 79 Rolf Richardson/The Travel Library/Rex Features; 81 Photolibrary Group; 82 AA/C Jones; 83 Photolibrary Group; 84 AA/A Mockford & N Bonetti; 85 AA/A Mockford & N Bonetti; 86/87 AA/S McBride; 88c AA/C Sawyer; 88ab © Werner Otto/Alamy; 89 AA/C Sawyer; 90/91 AA/M Wells; 92 AA/M Wells; 93 AA/M Wells; 94 Allan Baxter/The Image Bank/Getty Images; 96 © Fernando Alda/Corbis; 97 © William Zhang/Alamy; 98 AA/J Edmanson; 99 © Michael Nicholson/Corbis; 100 AA/P Wilson; 101 AA/M Chaplow; 102/103 © Bernie Epstein/Alamy; 104/105 © Ingemar Edfalk/Alamy; 107 AA/S Day; 108/109 © Images&Stories/Alamy; 110 © Paul Carstairs/Alamy; 111 © Ali Kabas/Alamy;

112/113 AA/G Edwardes; 114 Roy Garner/Rex Features; 115 AA/ G Edwardes; 116/117 AA/M Moody; 118a AA/M Moody; 118ab Mary Evans Picture Library; 119 AA/M Moody; 120/121 AA/M Hayward; 122 AA/M Hayward; 123 AA/M Hayward; 124/125 AA/S Day; 128/129 AA/N Jenkins; 130c Stringer/Hulton Archive/Getty Images; 130ab Pictures Colour Library; 131 Kim Westerkov/Stone/Getty Images; 132 AA/R Moss; 133 britainonview/David Sellman; 134/135 AA/J A Tims; 136 AA/J A Tims; 138/139 AA/J Smith; 140 AA/J Smith; 141 Stringer/Hulton Archive/Getty Images; 142/143 © Jean Brooks/Alamy; 144i © Eryrie/Alamy; 144abd Schutze+Rodemann/Bildarchive-Monheim/Arcaid; 145 © Rolf Richardson/Alamy; 146/147 AA/G Rowat; 148/149 Tony Howell/Photolibrary/Getty Images; 150/151 AA/R Coulam; 152 © Richard Klune/Corbis; 153 AA/R Coulam; 154/155 AA/S Day; 156 AA/N Setchfield; 157 AA/J A Tims; 158 © Imagebroker/Alamy; 160/161 Thierry Dosogne/Riser/Getty Images; 162 Cris Bouroncle/AFP/Getty Images; 163a Reuters/HO Old; 163c Cris Bouroncle/AFP/Getty Images; 164/165 Eye Ubiquitous; 166 Panoramic Images/Getty Images; 167 Larry Dale Gordon/The Image Bank/Getty Images; 168 Photolibrary Group; 171 © Eye Ubiquitous/Hutchison; 172 © Eye Ubiquitous/Hutchison; 173 Photolibrary Group; 174/175 Reuters/Stringer Shanghai; 176 Reuters/China Daily Information Corp – CDIC; 177 © Larry Leung/epa/Corbis; 178/179 AA/A Mockford & N Bonetti; 180/181 AA/A Mockford & N Bonetti; 182 © Neil McAllister; 184 Roger Viollet/Getty Images; 185 © Arthur Thévenart/Corbis; 186/187 © Murat Taner/zefa/Corbis; 188 © JTB Photo Communications, Inc/Alamy; 189 Nobuaki Sumida/Sebun Photo/Getty Images; 190/191 Photolibrary Group; 192a Pictures Colour Library; 192ab AA/C Sawyer; 193 DAJ/Getty Images; 194 AA/M Langford; 196/197 Photolibrary Group; 198 AA/M Langford; 199 Photolibrary Group; 200 © Hulton-Deutsch Collection/Corbis; 201 Photolibrary Group; 203 AA/S Day; 204a FPG/Hulton Archive/Getty Images; 204ab Photolibrary Group; 205 AA/P Kenward; 206 © David Pollack/Corbis; 209 Photolibrary Group; 210/211 © Andre Jenny/Alamy; 212 Fox Photos/Hulton Archive/Getty Images; 213 Keystone/Hulton Archive/Getty Images; 214/215 © Robert Estall/Corbis; 216 Lisa Romerein/Taxi/Getty Images; 216/217 Stephen St. John/National Geographic/Getty Images; 219 Photolibrary Group; 220 Lester Lefkowitz/The Image Bank/Getty Images; 221 Sipa Press/Rex Features; 222/223 Jerry Driendl/Stone/Getty Images; 224 AA/C Sawyer; 225 AA/C Sawyer; 226 Photolibrary Group; 227 © Bettmann/Corbis; 229 Richard T. Nowitz/National Geographic/Getty Images; 230 © Robert Holmes/Corbis; 232/233 AA/C Sawyer; 234 AA/C Sawyer; 235 Hulton Archive/Getty Images; 236 © Philip James Corwin/Corbis; 237 Pictures Colour Library; 238/239 Photolibrary Group; 240a Keystone/Hulton Archive/Getty Images; 240ab Photolibrary Group; 241 Photolibrary Group; 242 © Pep Roig/Alamy; 244 Tom Fowlks/Stone/Getty Images; 246 Robert Harding World Imagery; 247a Murat Taner/Photographer's Choice/Getty Images; 247abi © Photofusion Picture Library/Alamy; 247abd © Photofusion Picture Library/Alamy; 248 Eduardo Garcia/Photographer's Choice/Getty Images; 249 © SPP Images; 250 Cassio Vasconcellos/SambaPhoto/Getty Images; 251 Graca Seligman/SambaPhoto/Getty Images; 252 Peter Oxford/Nature Picture Library/Rex Features; 253 GlowImages/Getty Images

Se ha procurado que aparezcan recogidos aquí todos aquéllos que poseen copyright, pedimos disculpas con antelación por cualquier error accidental que se haya podido cometer. Estaremos encantados de incluir las correcciones pertinentes en futuras ediciones de esta publicación.